"国家中等职业教育改革发展示范学校建设计划"项目教材

中等职业教育"十三五"规划教材 · 数字媒体技术应用系列

网页设计与制作教程

主编／王伟旗 苏兵

立信会计出版社

LIXIN ACCOUNTING PUBLISHING HOUSE

图书在版编目(CIP)数据

网页设计与制作教程/王伟旗,苏兵主编.—上海:
立信会计出版社,2015.12
ISBN 978-7-5429-4621-8

Ⅰ.①网⋯ Ⅱ.①王⋯ ②苏⋯ Ⅲ.①网页制作工
具—教材 Ⅳ.①TP393.092

中国版本图书馆 CIP 数据核字(2016)第 022759 号

策划编辑 陈 瑶
责任编辑 杨 森
封面设计 周崇文

网页设计与制作教程

出版发行 立信会计出版社
地 址 上海市中山西路 2230 号 邮政编码 200235
电 话 (021)64411389 传 真 (021)64411325
网 址 www.lixinaph.com 电子邮箱 lxaph@sh163.net
网上书店 www.shlx.net 电 话 (021)64411071
经 销 各地新华书店

印 刷 上海华业装璜印刷有限公司
开 本 787 毫米×1 092 毫米 1/16
印 张 11.25
字 数 253 千字
版 次 2015 年 12 月第 1 版
印 次 2015 年 12 月第 1 次
书 号 ISBN 978-7-5429-4621-8/T
定 价 45.00 元

如有印订差错,请与本社联系调换

编者的话

　　进入 21 世纪，互联网技术已经融入人们的学习、工作和生活中，并且以前所未有的发展速度渗透到社会的各个领域。通过网络获取大量的信息，是很多人每天工作和学习所必需的。网页设计与制作的教学，也已成为中等职业学校计算机网络相关专业的必修课程。

　　本书以指导学生就业为导向，以学生职业生涯发展为目标，明确专业定位；以工作任务为线索，确定课程设置；以提高学生职业能力为依据，组织课程内容；以典型产品（服务）为载体，设计教学活动；以职业技能鉴定为参照，强化技能训练，以适应学生劳动就业和继续发展的需要。

　　本书的编写从任务着手，通过设计解决任务的方法与步骤和自主探究式的学习、实践，使学生在完成任务的过程中掌握知识和技能，培养自己提出问题、分析问题、解决问题的综合能力，以解决实际问题，带动理论的学习和应用。本书所设置的任务具有针对性、综合性和实践性。本书主要单元的最后部分均配有相关的实训项目和本单元习题，通过练习，以提高学生的实际操作能力。

　　本书依据上海市计算机网络技术专业课程标准，以我国网络技术为背景，以网页设计与制作为主线，重点培养学生实际操作技能。本书由网页设计与制作基础、Photoshop 在网页设计与制作中的应用、网站制作入门、网站制作高级技巧、多媒体网页制作及网页设计与制作综合实训 6 个单元构成。全书采用任务引领的写作手法构建总体框架，每个单元由教学活动和项目实训等内容构成。教学活动又由任务描述、任务分析、方法与步骤、相关知识与技能、拓展和提高、项目实训和项目评价等环节组成。

　　全书共安排 72 个课时，其中第一单元 20 课时，第二单元 10 课时，第三单元 20 课时，第四单元 10 课时，第五单元 12 课时，第六单元为综合实训部分。

　　参加本书编写的作者都是具备扎实的专业知识和丰富的教学实践能力的一线教师和企业一线的工程技术人员。

　　本书由王伟旗、苏兵主编，曹国跃主审。参加编写的教师有周晓燕、孙蓓以及神州数码网络有限公司工程师姚昉。全书由王伟旗统稿。上海市教委教学研究室的陈丽娟老师和相关企业一线的专业技术人员等对本书的编写提供了指导性的帮助,在此一并表示感谢。由于作者水平有限,疏漏之处在所难免,希望读者不吝指教。

编　者

2015 年 11 月

目　录

单元一
网页设计与制作基础

　　千里之行,始于足下。想制作一个能充分表达主题思想的网站,只有掌握相关的网络知识,了解相关的图形图像知识和色彩搭配知识,才能设计出最符合主题的网页作品。

　　单元主要任务:熟悉基本网络知识,掌握网页设计准备知识。

单元内容提示

- 网络基础
- 图形、图像基础
- 网页平面设计基础
- 网页设计色彩基础

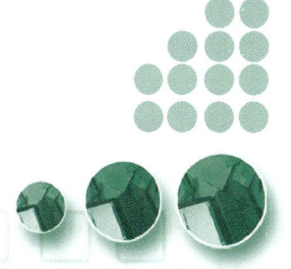

任务一　网　络　基　础

任务描述

随着 Internet(互联网)的普及,不少人都想学习网页制作,想在网络上拥有一个自己的网站。"千里之行,始于足下",在学习网页制作前有必要先了解以下一些有关网页制作的基本问题。

任务分析

(1)了解网页是用什么计算机语言编写的? 制作好的网页放在哪里?

(2)分析怎样得到网页的存储空间? 以什么形式将网页存入获得的空间中?

(3)分析网页是如何被浏览的? 网页存放在网站上怎样更新和维护等?

要制作网页和建立网站,首先必须要了解和掌握一些有关网络的基础知识以及与网页制作相关的术语,这对于以后学习和使用网页制作软件是会有很大帮助的。下面先来学习一些有关网络和网页的基础知识。

方法与步骤

(1)在本机上做好网站内容。

(2)在本机上进行测试。

(3)申请域名。

(4)购买网络空间。

(5)上传网站内容。

相关知识与技能

一、HTML 文件

用超文本标记语言编写的超文本文件又称为 HTML(Hyper Text Markup Language)文件,超文本标记语言主要用于网页设计,自 1990 年起 HTML 语言就一直被用作 World Wide Web(简称 WWW)上的信息表示语言,用于描述网页的格式,设置它与 WWW 上其他网页的连接信息,其不受各种操作系统限制,独立地运行于各种操作系统的平台之上。

HTML 文件是网页的源文件,是由 HTML 标记符号组成的描述性文本,HTML 标记符号可以说明文字、图形、动画、声音、表格、超链接等。HTML 文件的结构包括头部(Head)、主体(Body)两大部分,其中头部描述浏览器所需的信息,而主体则包含所要说明的具体内容。超文本文件的文件扩展名为.html 或.htm。HTML 文件是一种文本文件,学习起来较为简单,一般只要用文字编辑工具(如 Word、NotePad 等)来编辑就可以了。

二、WEB 空间

WEB 空间是互联网上存放网站页面内容的计算机存储空间。获取互联网上 WEB 存储空间的方法有多种，主要的方法有：

（1）构建专用的网站服务器。这需要购置专用的计算机和软件。这种方法支持信息流量较大，功能要求较高的网站。此类服务器维护较方便，但建站成本较高。

（2）服务器托管方式。可将用于存放本网站网页信息的服务器，放置在某个经营"整机托管"业务的网站的数据中心，由专业技术人员将托管的服务器连在互联网上，并对其进行维护。

（3）申请存放网页的空间和域名。很多大的网站上都提供存放网页的免费或收费空间，并可提供域名。使用者可到提供网页空间的网站上申请存放网页的空间和域名，获得成功后就可把制作好的网页存放在虚拟主机上，这样就好像在 Internet 上拥有了自己的服务器和网站。

三、虚拟主机

虚拟主机（Virtual Host Virtual Server）是使用特殊的软硬件技术，把一台计算机主机分成一台台"虚拟"的、相互独立的主机，每一台虚拟主机都可具有独自的域名和 IP 地址（或共享的 IP 地址），具有完整的 Internet 服务器功能。在同一台服务器、同一个操作系统上，运行着为多个用户打开的不同的服务器程序，互不干扰。而各个用户拥有自己的一部分系统资源（IP 地址、文件存储空间、内存、CPU 时间等）。虚拟主机之间完全独立，在外界看来，每一台虚拟主机和一台独立的主机的表现完全一样。

由于多台虚拟主机共享一台真实主机的资源，每个虚拟主机用户承受的硬件费用、网络维护费用、通信线路的费用均大幅度降低，使 Internet 真正成为人人用得起的网络！

四、地址和域名

任何连在 Internet 上的电脑都称为主机。在网络上，任何一个主机都应该有一个独一无二的证明其身份的号码，这个号码就称为 IP 地址，可以靠 IP 地址来辨别网络上各个不同的主机。IP 地址由四组数构成（每组对应于 8 位二进制数字），每组数的范围都在 0～255 之间，各部分之间用小数点隔开，如果一台主机的 IP 地址为：211.152.65.112，在这四组数中包含了两部分的信息，即网络代号和主机代号。

事实上，IP 地址是一大串枯燥的数字，既难记又不易理解。为了解决这个难题，引入了域名用来替代冗繁的 IP 地址。简单地说，域名就是 IP 地址的一种替代，也是网站在互联网上的一种标识。访问者将某网站的域名输入浏览器的地址栏中，就可访问该网站。

域名分国际域名和国内域名。国际域名的形式为：www. ＊＊＊. com，除了以 com 结尾外，还有以 net、org 或 gov 结尾的域名，这四种域名分别表示企业、网络、组织、政府，中间的 ＊＊＊部分为域名租用者自己申请的名字。国内域名则在国际域名的结尾再加上国家名称缩写，如我国的国内域名形式为 www. ＊＊＊. com. cn。域名和 IP 地址一样，在互联网上都是唯一的，域名的一般格式是：主机名. 机构名. 类别名. 地区名。

五、URL（统一资源定位器）

统一资源定位器（Uniform Resource Locator 简称 URL）是全球万维网（WWW）服务器

资源的标准寻址定位编码,用于确定资源相应的位置及所需检索的文件。它的优点是用字符串来指向所需的信息,从而进行资料的检索。

URL 由三部分组成:第一部分是它所使用的 Internet 协议(如超文本传输协议 HTTP、文件传输协议 FTP、远程登录协议 TELNET 等),第二部分是表示要检索的主机标识(即域名),第三部分是检索文件所在的主机路径及文件名。

例如:http://www.online.sh.cn/index.html

其中,"http://"为指明要用 HTTP 协议访问 WWW 网服务器;"www.online.sh.cn"为主机域名;"index.html"为要访问的文件名。

六、服务器与客户机

浏览者在访问网页时,是由本地计算机的浏览器向存放网页的远程计算机发出一个请求。远程的计算机在收到请求后,将响应信号和所需要的浏览内容(即网页)发送给本地的计算机。那么本地的计算机被称为客户计算机(Client),远程存放网页的计算机则被称为服务器(Server),如图 1-1-1 所示。

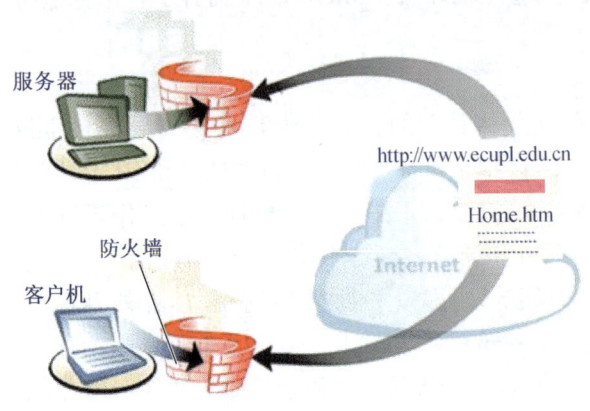

图 1-1-1　客户机和服务器

实际上,服务器和客户机都只是一台运行某种程序的计算机,作为服务器的计算机要为众多客户机提供各种网络服务,负责对来自客户机的请求作出回答,并负责管理信息、找到信息和传递信息。所以服务器要求有更快的运算速度、更大容量的内存和更高的可靠性。

一台服务器除了提供它自身的信息之外,还"指引"着存放在其他服务器上的信息。那些服务器又指向更多的其他服务器上的信息。这样,就够成了一个覆盖世界范围的信息互联网络。

浏览者不但可以通过网页了解和接收各种信息,也可以通过浏览器将数据信息发送给 Web 服务器的数据库,或者将数据信息送到要被处理的脚本或应用程序中。另外,浏览者也可以利用交互式网页向服务器的数据库查询数据,然后由服务器将结果返回给浏览网页的用户。

根据服务器上运行的程序类型及服务器与客户机所使用的通信协议不同,服务器有 Web 服务器、FTP 服务器、Gopher 服务器等等。如果在一台服务器上安装了多种网络协议,该服务器也就可以成为多功能服务器(如某台服务器可同时成为 Web 服务器和 FTP 服务器)。

拓展和提高

一、TCP/IP 协议

TCP/IP 协议(Transfer Control Protocol/Internet Protocol)被称为传输控制/网际协议,又叫网络通讯协议,是网络中使用的基本通信协议。TCP/IP 协议实际上是一组协议,而不单单是 TCP 协议和 IP 协议,它包括上百个各种功能的协议,通常称它为 TCP/IP 协议族,如远程登录、文件传输和电子邮件等。TCP 协议和 IP 协议是保证数据完整传输的两个最基本的重要协议。

国际互联网 Internet 对任何遵循 TCP/IP 协议标准的计算机都是开放的,不同厂商、不同操作系统、不同型号的计算机只要遵循 TCP/IP 协议标准,并申请到合法的 IP 地址,就可以接入 Internet,实现全球间的资源共享。

二、FTP(文件传输协议)

FTP(File Transfer Protocol)是 Internet 传统的服务之一。可用于网络不同节点间文件的双向传输,是实现资源共享的重要方式和有效手段。在 Internet 上有很多计算机系统中都存储着大量有用的数据、文字、声音和图像资料及软件程序等。它们都是以文件形式被存放在磁盘的目录中,供用户随时取用。文件传输协议是支持用户把文件从一台计算机中传输到另一台计算机中,并且能保证传输的可靠性。在 Internet 中的 FTP 就是用来实现文件传输功能的网络工具,它允许用户在远程主机上登录,然后获取储存在主机上的数据并传送到用户的计算机上,或者把用户的计算机上的数据传送到远程主机上去。除此之外,FTP 还提供登录、目录查询、文件操作及其他会话控制功能。

用户在本地计算机上做好的网页除了用 Dreamweaver MX 上传之外,还可以用 FTP 上传到远程的主机中。常用的 FTP 工具有 CuteFTP 和 LeapFTP 等。

思考与练习

1. 什么是网络空间?
2. 简述地址与域名的关系。

任务二 图形、图像基础

任务描述

计算机显示的图形分为位图图像和矢量图形两大类,认识它们的特色和差异,有助于创建、输入、编辑、输出和应用数字图像。

任务分析

位图图像和矢量图形没有好坏之分,将其用于不同场合,可以扬长避短。只有整合位图图像和矢量图形的优点,才可以得到处理数字图像的最佳方式。

方法与步骤

(1) 区别矢量图形与位图图像。
(2) 区别不同格式图像的特点。

相关知识与技能

一、矢量图形

矢量图形使用直线和曲线来描述图像,也称为是基于路径的绘画。Adobe Illustrator、CorelDraw、CAD等软件是以矢量图形为基础进行创作的图形工具。矢量图形根据轮廓的几何特性进行描述,图形的轮廓画出后,被放在特定位置上并填充颜色。

当用户对矢量图形进行编辑时,实际上修改的是描述矢量图形的直线和曲线的属性。矢量的属性还包括颜色属性和位置属性。用户可以重新调整图形的大小和形状,改变图形的颜色以及移动图形等,这些修改都不会影响矢量图形的外观显示质量。

矢量图形和分辨率无关,用户可以在不同分辨率的输出设备上显示它们而不会有任何质量损失。图1-2-1显示了将矢量图形格式的向日葵局部放大的效果。

图1-2-1 将矢量格式的向日葵局部放大的效果

二、位图图像

位图图像是使用一行行带颜色的小点(即"像素")来描述图像,每个像素都被分配一个特定位置和颜色值,构成类似于马赛克式图像。Photoshop以及其他的绘图软件一般都使用位图图像。

当用户对位图图像进行编辑时,实际上修改的是像素而不是直线或曲线。

位图图像和分辨率有关,即在一定面积的图像上包含有固定数量的像素。编辑位图图像可以改变其外观显示质量,如果在屏幕上以较大的倍数放大显示图像,或以过低的分辨率打印,在图像边缘可能会产生锯齿。另外,如果在比图像本身分辨率低的输出设备上显示位图,也会导致显示质量的降低。在图1-2-2中,可以清楚地看到将位图图像格式的向日葵放大后与原图的对比,会发现有很明显的马赛克纹样。

图1-2-2 将位图图像格式的向日葵放大后的效果

拓展和提高

图像格式是指计算机中存储图像文件的方法,它们代表不同的图像信息、色彩数和压缩程度。图形图像处理软件通常会提供多种图像文件格式,每一种格式都有它的特点和用途。在选择输出的图像文件格式时,应考虑图像的应用目的以及图像文件格式对图像数据类型的要求。下面介绍几种常用的图像文件格式及其特点。

一、BMP 图像文件格式

BMP 图像是 Microsoft Windows 所定义的图像文件格式,最早应用在 Microsoft 公司的 Microsoft Windows 窗口系统。众所周知,Microsoft Windows 现在已成为 PC 机环境下窗口系统的事实上的工业标准,因此 BMP 图像文件格式也越来越受到人们的关注。在 Windows 环境中运行的图形图像软件都支持 BMP 图像格式。

BMP 图像文件有下列特点:

(1) 该结构只能存放一幅图像。

(2) 只能存储 4 种图像数据:单色、16 色、256 色、全彩色。

(3) 图像数据有压缩或不压缩两种处理方式。

二、GIF 图像文件格式

GIF 图像是由 CompuServe 公司为了方便网络和 BBS 使用者传送图像数据而制定的一种图像文件格式。目前,GIF 图像文件已经成为网络和 BBS 上图像传输的通用格式,经常用于图像的动画、透明等特技制作。

GIF 图像文件有下列特点:

(1) 此种文件具有多元化结构,能够存储多张图像,能以动态的形式出现。

(2) 在颜色较少的情况下,产生的文件极小,所以此种文件大多用在网络传输上,速度要比传输其他图像文件快得多。

(3) 支持背景透明色,但最多只能处理 256 种色彩,故不能用于存储真彩色的图像文件。

三、PNG 图像文件格式

PNG 图像是一种专门针对 Web 开发的无损压缩图像,同时支持透明背景和动态效果。其图像质量远胜过 GIF 图像。随着 Internet 的发展,网络的带宽将得到改善,PNG 也会成为一种主流的图像格式。

PNG 图像文件有下列特点:

(1) 图像可以是灰阶的(16 位)或彩色的(48 位),也可以是 8 位的索引色。

(2) 图像使用的是高速交替显示方案,显示速度很快,只需要下载 1/64 的图像信息就可以显示出低分辨率的预览图像。

(3) 大部分绘图软件和浏览器支持这种图像格式。

四、TIF/TIFF 图像文件格式

TIF 图像是由 Aldus 公司为 Macintosh 机(也称 Mac 机)开发的一种图形文件格式,最早流行于 Macintosh,现在 Windows 上主流的图像应用程序都支持该图像格式。该图像格

式支持的色彩数最高可达 16M 种。

TIF 图像文件有下列特点：

（1）存储的图像质量高，但占用的存储空间也非常大，其大小是相应 GIF 图像的 3 倍，JPEG 图像的 10 倍。

（2）细微层次的信息较多，有利于原稿阶调与色彩的复制。

（3）该格式有压缩和非压缩两种，其中压缩形式使用的是无损压缩方案。

（4）对该格式文件解压缩非常困难。

五、PSD 图像文件格式

PSD 图像是 PhotoShop 中使用的一种标准图形文件格式，可以存储为 RGB 或 CMYK 模式，还能够自定义颜色数并加以存储。PSD 图像文件能够将不同的物件以层（Layer）的方式来分离保存，便于修改和制作各种特殊效果。

PSD 图像文件有下列特点：

（1）用此格式存储图像不会造成任何的数据流失。

（2）能够保存图像数据的每一个细小部分，包括层、附加的蒙版通道以及其他内容，而这些内容在转存成其他格式时将会丢失。

六、JPEG 图像文件格式

JPEG 图像文件是一种高效率的压缩文件，不过它采用的是一种有损压缩的方法，某些情况下可能造成图像的失真。

JPEG 图像文件有下列特点：

（1）此种图像格式适合颜色连续渐变的图像区域。

（2）具有的颜色数目比相应 GIF 图像格式多，可达 16777216 种颜色。

（3）支持 24 位真彩色。

思考与练习

1. 矢量图形与位图图像的区别是什么？
2. 常用的图像格式有哪些？

任务三　网页平面设计基础

任务描述

设计是指先构思与计划，然后通过一定的表达方式使这种构思与计划形象化的过程。设计最重要的用途是给人带来舒适与美感的体验，同时消除不符合人的审美观的一些因素。随着网络的发展，人们每天会通过网络来接受大量的信息，而这些信息所反映的内容是否恰当合适，是否让人觉得有美感是非常重要的。

对于一个网站设计者来说,整个页面布局和色彩的考虑应该处于重要的位置,适当地掌握一些关于形象创作的原理、规则,能够更好地形成和锻炼创造性的思维方式。

方法与步骤

(1) 了解如何构图?
(2) 了解网页布局的方法。

相关知识与技能

一、平面构成三要素

平面构成的三个基本要素是点、线、面,所有平面构成最终都可归纳为点、线、面的组合。点、线、面是图像的基本形式,是形象的视觉存在方式。

1. 点

点虽然有大小、位置,但是没有方向。单个的点具有集中凝聚视线作用,容易形成视觉中心。多个点会有生动感,通过多个大小不同的点,能够体现出一些不同的风格。点的连续会产生节奏、韵律和方向,疏密的点阵会产生空间感。如图 1-3-1 和图 1-3-2 所示。

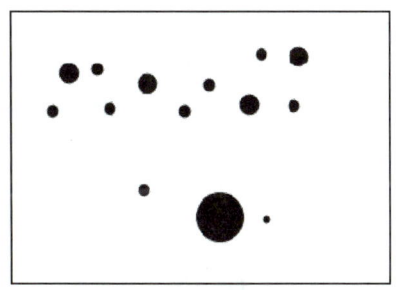
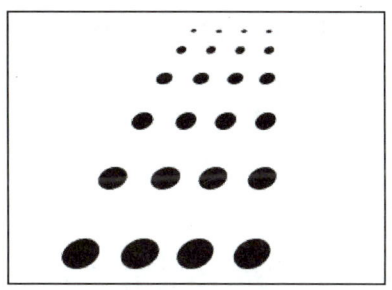

图 1-3-1　自由点　　　　图 1-3-2　点的连续产生节奏和方向

2. 线

点的移动便构成了线,线是点移动的轨迹。尽管线有粗细之分,但是其宽度与长度必须差异悬殊才能将其称之为线。线可以起到引导视线的作用。不同方向的线条给人带来的感觉不同,如垂直的线条有升降感,水平的线条有静止感,斜线有飞跃感等;不同形状的线条也代表了不同的风格,如曲折线代表了不安定、有规律的螺旋线代表了韵律感等。如图 1-3-3 和图 1-3-4 所示。

3. 面

面是线的移动轨迹,如图 1-3-5 所示。所有非点非线的平面形象统称为面。面体现了充实、厚重、整体、稳定的视觉效果。面的大小会造成重量感、平衡感的不同;面的形状不同也体现了不同的风格,如几何形的面表现规则、平稳、较为理性的效果,而有机形的面则体现出柔和、自然、抽象的效果。

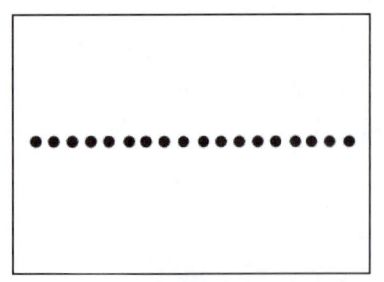

图 1-3-3 点的移动轨迹构成了线条

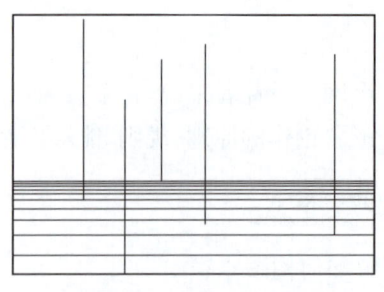

图 1-3-4 竖线产生升降感,水平线条产生静止感

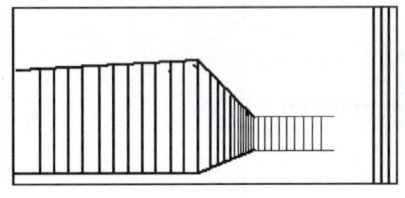

图 1-3-5 线的移动轨迹构成了面

二、网页布局构图

网页布局构图其实也是一个平面构图的过程,在创作过程中可通过对点、线、面的组合排列来形成特定的网页形象。通常的页面布局有"同"字型、"厂"字型、标题正文型、分栏型、封面型、对称型等,创作的时候可以根据所要反映的主体内容来确定使用何种页面布局。

此外,在页面布局时,首先要做到"稳",所谓"稳"就是注重虚实及疏密之间的对比关系,比例要合适,整个页面不失衡;其次要做到"新",所谓"新"即构图要新颖,要有独特的创意,突出于常见的构图形式,给浏览者留下深刻的印象。

思考与练习

简述网页如何进行合理布局。

任务四 网页设计色彩基础

任务描述

研究色彩是为了使用色彩,最大限度地发挥色彩的作用。色彩的意义与内容在艺术创造和表现手法方面是复杂多变的,在欣赏和解释方面又有其共性,可见它在人们心目中不但是鲜活的,也是一种很美的大众语言。所以,只有通过对色彩的分析,找出它们的各种特性,才可以做到合理而有效地使用色彩。

任务分析

网页中的色彩是网页内涵的一种表现,能够突出地显示整个网站的风格,给人以视觉冲击力。不同的色彩搭配会产生不同的效果,并可能影响到访问者的情绪。好的色彩搭

配具有感染力,具有象征性,能够左右人的情感。所以,确定网页的色彩就显得尤为重要。

方法与步骤

(1) 了解色彩的性格。

(2) 掌握色彩的心理。

(3) 学习如何进行网页色彩布局。

相关知识与技能

一、色彩的属性

色彩可以分为无彩色和有彩色两大类。无彩色包括黑、白、灰三种颜色;有彩色是无数,包括红、橙、黄、绿、蓝、紫等等。各种色彩都具有明度、色相和纯度三种属性。

1. 明度

明度是指色彩的明暗程度,任何色彩都有自己的明暗特征。从光谱上可以看到最明亮的颜色是黄色,处于光谱的中心位置。最暗的是紫色,处于光谱的边缘。一个物体表面的光反射率越大,对视觉的刺激的程度越大,看上去就越亮,这一颜色的明度就越高。因此明度表示颜色的明暗特征,也就是说明度较高的色彩较亮,明度较低的色彩较暗。明度在色彩三要素中可以不依赖于其他性质而单独存在,任何色彩都可以还原成明度关系来考虑,如黑白摄影及素描。明度适合于表现物体的立体感和空间感。黑白之间可以形成许多明度台阶,人的最大明度层次辨别能力可达 200 个台阶左右,普通使用的明度标准大都为 9 级左右。

图 1-4-1　色彩明度值由高到低的变化过程

2. 色相

色相是指色彩的相貌,是区别色彩种类的名称。有彩色包括红、黄、蓝等几个色族,这些色族便称为色相,它们之间的差别属于色相差别。在应用色彩理论中,通常用色环来表示色彩系列。最初的基本色相为红、橙、黄、绿、蓝、紫,在各色中间加插中间色后,可制出红、橙红、黄橙、黄、黄绿、绿、绿蓝、蓝绿、蓝、蓝紫、紫、红紫这 12 个基本色相。如果进一步再找出中间色,还可以得到 24 个色相。

3. 纯度

纯度是指色彩的鲜艳度、饱和度。比如,红色中有鲜艳没有杂质的红、干涩灰暗的红以及淡薄的粉红等,它们的色相都为红,但是却强弱不一,这说明它们的纯度不同。通常,色彩纯度越高,颜色就越鲜艳;纯度越低颜色就越灰暗、浑浊。一种色相如果和黑、白、灰中的任意一种混合后,纯度就会降低。比如,和白色相混会增加明度,但是纯度减弱;和黑色相混会减弱明度、色相会变暗。

二、色彩性格

每一种颜色都能够表达出一定的性格,就像不同的人的气质外貌表现出不同的性格一样。红色是强有力的色彩,它表现了热烈和冲动;橙色是最温暖的色彩,它表现了满足、快乐和幸福;黄色是亮度最高的色彩,它表现了高贵和骄傲;绿色表现了宁静与和平;蓝色表现了博大、理智和永恒;紫色则表现了神秘。当然,随着科学的发展,人类思想的进步,人们对色彩的认识也逐渐个性化。但总的来说,各种色相还是象征着一些固有的性格特征,如下列所示。

红色:喜悦、热情、冲动,也意味着危险

橙色:活泼、亲切

黄色:高贵、明亮、愉快,也意味着张扬

绿色:青春、和平、友谊,安定

蓝色:沉静、平静、磊落,也意味着忧郁

紫色:神秘、高贵,也意味着彷徨

三、色彩心理

依靠眼睛可以看到色彩,色彩通过视觉神经刺激大脑后,也可以影响人的心理或者情绪。依据人们的心理感受,色彩大致可分为两种色调,即冷色调与暖色调。波长长的红色光橙色光、黄色光,本身就有暖和感,被此类光照射都会有暖和感,如果在冬日,把卧室的窗帘换成暖色,就会增加室内的暖和感。相反,波长短的紫色光、蓝色光和绿色光,有寒冷的感觉,如果在夏日关掉室内的白炽灯,打开日光灯,就会有一种凉爽的感觉。暖色调图案与冷色调图案分别如图1-4-2和图1-4-3所示。

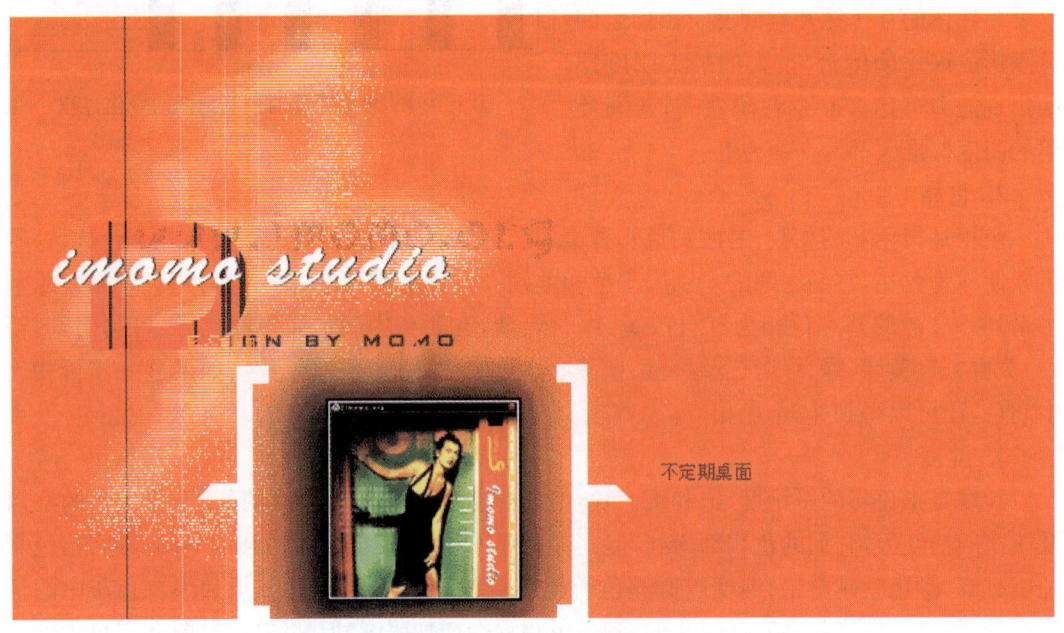

不定期桌面

图1-4-2　暖色调图案

图 1-4-3 冷色调图案

拓展和提高

一、Web 安全色

在计算机中,同一种颜色也许在不同的显示器上显示出不同的明度或者色相,这种差别是由所使用的显示器造成的。为了避免这种颜色显示的差别,在制作网页时应尽量使用 Web 安全色,又称浏览器安全色。所谓 Web 安全色,是指其颜色可以在不同的操作平台上被安全、正确地显示出来,在不同浏览器上显示几乎没有差别。Web 安全色包括 216 种颜色,辨别一种颜色是否为安全色的方法是看其颜色值,任何由 00、33、66、99、CC 或者 FF 组合而成的颜色值,都是 Web 安全色。例如,♯003366、♯0066FF、♯33CC99 等。通常在软件中类似如图 1-4-4 所示的颜色拾取框中可以直接用吸管工具拾取的颜色都是 Web 安全色。

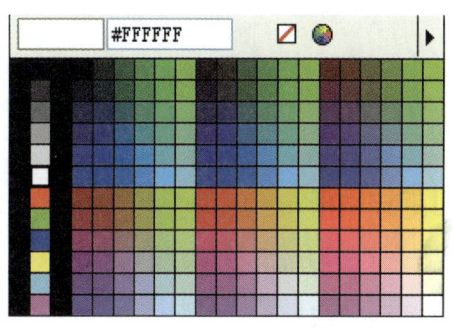

图 1-4-4 颜色拾取框

二、网页色彩调和

既然每一种色彩都代表着一定的性格,而且带给人的心理感觉也不一样,那么怎样在网页中调和、运用这些色彩就成为很关键的问题。

调和色彩的基本法则是:页面各部分色彩一定要构成适当的色彩关系,组成统一的色调,以表达某种情绪,这样创作出来的页面才会有自己的风格。下面介绍几种常见的网页色彩布局方法。

（1）根据网站所要表现的主题来确立主色调，以便用来统率页面的色彩关系。当页面上有几个色块时，必须以主色调为主，而且其面积、明度、位置大于其他色块。

（2）根据预想的网页风格确定是使用单色调、调和色调还是对比色调。

① 单色色调。是指只用一种颜色，只在明度和纯度上作调整。如采用单色调，易形成一种统一风格。但是要注意的是中性色必须做到非常有层次，明度系数也要拉开，才可以达到想要的效果。

② 调和色调。是指使用邻近色，即采用主色调的邻近色来作配合。这种方法易产生单调的效果，所以必须注意明度和纯度，而且注意在页面的局部采用少量小块的对比色以达到协调的效果。

③ 对比色调。是指使用和主色调反差很大的颜色。这种方法易造成不和谐的效果，所以必须加中性色加以调和。同时要注意色块的大小、位置，才能形成均衡页面。

（3）调节页面均衡度。因为不同的色彩给人以不同的重量感，所以网页中的色彩不能偏于一方，必须要均衡，否则就会失重。如果页面中心有大色，则四周一定要有一些小色；左边物体有一定的明色，右边就不能完全灰暗或空白，也要有适量的明色。

总之，只有在网页设计中坚持和谐、均衡和重点突出的原则，才能将不同的色彩进行组合、搭配，制作出具有美感、给人印象深刻的页面。

在色彩的运用过程中，还应该注意网页所针对的浏览对象。不同的国家、种族、年龄的人喜欢的颜色不一样，需要根据实际情况予以考虑。

思考与练习

如何进行网页色彩布局？

项目实训	制作班级网站策划书

【项目描述】

了解网站策划书需要具备的内容。

【项目要求】

1. 以 3～5 名同学一组进行本次实训，从而培养团队合作能力。

2. 充分展示班级特性。

【项目提示】

在写策划书之前请先明确网站的服务宗旨。

【项目评价】

此内容如表 1-1、表 1-2 所示。

表 1-1 项目实训评价表

	内　　　容		评　　　价		
	学习目标	评价项目	3	2	1
职业能力	确定策划宗旨	网站建设可行性分析			
		班级网站的服务宗旨			
	确定网站风格	网站功能模块设计			
		网站色彩设计			
		网站布局设计			
		网页形式和语言			
		软、硬件环境			
通用能力	创新能力				
	团队合作能力				
综合评价					

表 1-2 评价等级说明表

等　　级	说　　明
3	能高质、高效地完成此学习目标的全部内容,并能解决遇到的特殊问题
2	能高质、高效地完成此学习目标的全部内容
1	能圆满地完成此学习目标的全部内容,不需要任何帮助和指导

单元二
Photoshop 在网页设计与制作中的应用

为方便用户绘制不同样式的图形形状，Photoshop CS4 提供了一些基本绘图工具，利用图形工具可以自由绘制矩形、圆形、直线、椭圆、圆角矩形等各种图形。

单元主要任务：熟悉 Photoshop 的基本功能，并可以使用 Photoshop 制作简单的网页效果。

 单元内容提示

- 使用 Photoshop 绘制基本图形
- 使用 Photoshop 编辑图像
- 使用 Photoshop 制作网页效果图

任务一 使用 Photoshop 绘制基本图形

任务描述

为方便用户绘制不同样式的图形形状，Photoshop CS4 提供了一些基本绘图工具，利用图形工具可以自由绘制矩形、圆形、直线、椭圆、圆角矩形等，利用路径工具可以绘制出各种形状的路径。

任务分析

使用工具箱中大部分的绘画工具描边路径，制作出各式各样的路径描边效果。

方法与步骤

（1）在编辑窗口使用【多边形】形状工具绘制一个五角星形路径，并选中该路径，如图 2-1-1 所示。

（2）在工具面板中设置前景色为"♯fb941c"，由于在 Photoshop 中可以选择多种描边路径的工具，此例中，我们使用画笔来对路径进行描边。在工具面板中单击【画笔工具】按钮，其属性栏设置如图 2-1-2 所示。

（3）在【路径】面板上单击【描边路径】按钮 ◎ 即可描边路径，如图 2-1-3 所示。

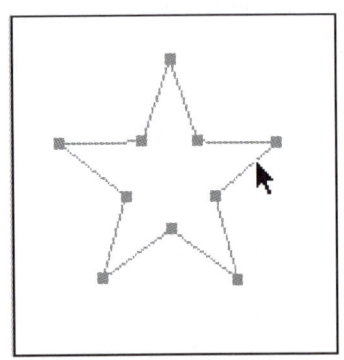

图 2-1-1　创建五角
　　　　　星形路径

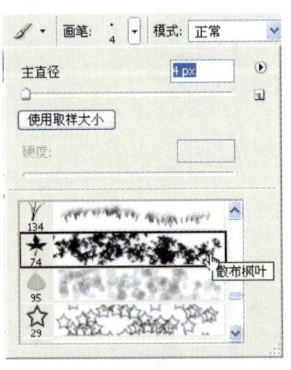

图 2-1-2　【画笔工具】
　　　　　属性栏的设置

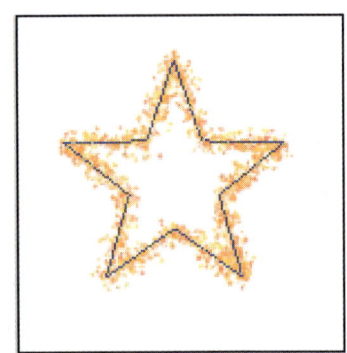

图 2-1-3　使用【描边路径】
　　　　　后的图像

图 2-1-4　【描边路径】对话框

如果想使用其他工具来进行描边，可以在【路径】面板中单击右上角的 ◎ 按钮，在弹出的菜单中选择【描边路径】命令，在弹出对话框的下拉列表中选择画笔工具，如图 2-1-4 所示。

相关知识与技能

一、形状工具组

在 Photoshop CS4 中可以用【钢笔工具】和【自由钢笔工具】来绘制不规则的路径，如果我们想要绘制形状规则的路径，则可以借助于形状工具组。形状工具组如图 2-1-5 所示。

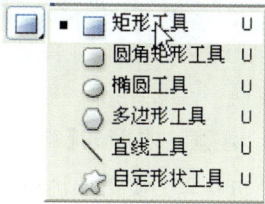

图 2-1-5 形状工具组

1. 矩形工具和圆角矩形工具

【矩形工具】的操作方法有点类似于【矩形选框工具】，选中矩形工具后只需在当前操作窗口通过拖动鼠标即可绘制出矩形路径。其属性面板中的各属性作用类似【钢笔工具】和【自由钢笔工具】，但在矩形选项中有些参数比较重要，这些参数如图 2-1-6 所示。各属性参数的作用说明如下。

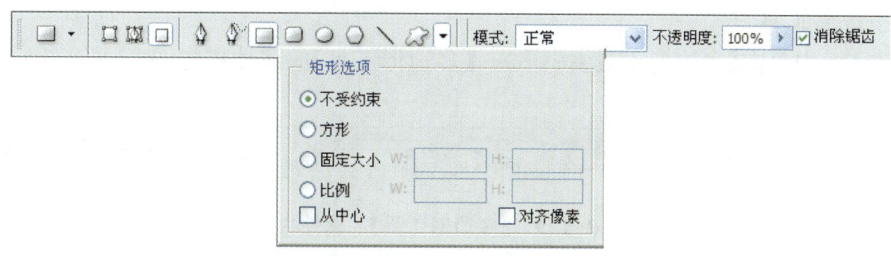

图 2-1-6 【矩形工具】的属性面板

- 不受约束：如果选中该项，则可以绘制任意尺寸大小的矩形。
- 方形：如果选中该项，则绘制出的是正方形。
- 固定大小：如果选中该项，则可以定义矩形长宽，定义好后，只需在当前编辑窗口单击鼠标即可绘制矩形。
- 比例：如果选中该项，则可以定义矩形的长宽比例，此后在编辑窗口绘制的矩形将按照此比例生成。
- 从中心：如果选中该项，则将以鼠标开始在编辑窗口单击的位置为中心生成矩形。

【圆角矩形工具】的属性栏如图 2-1-7 所示，其中各属性的作用可以参照【矩形工具】的属性，只是在这里还可以设置圆角矩形的半径。

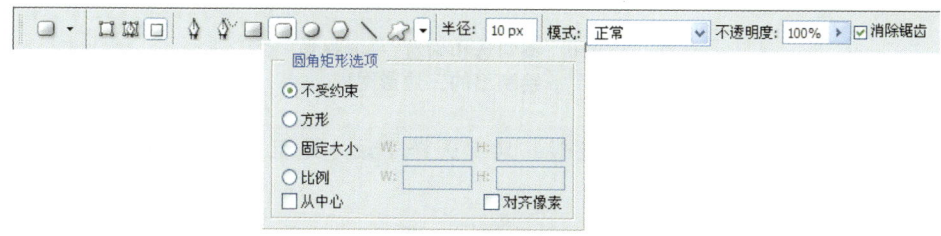

图 2-1-7 【圆角矩形工具】的属性栏

2. 椭圆工具

在工具栏中单击【椭圆工具】按钮◯。【椭圆工具】的属性栏如图 2-1-8 所示,其中各属性参数作用参照【矩形工具】。

图 2-1-8 【椭圆工具】的属性栏

注意 在使用【矩形工具】、【圆角矩形工具】以及【椭圆工具】时,如果在绘制的同时按住 Shift 键,则可以分别绘制出正方形、正圆角矩形以及正圆形;如果在绘制的同时按住 Alt 键,则可以以当前单击鼠标的位置为中心开始绘制矩形、圆角矩形以及椭圆形;如果在绘制时按住 Shift+Alt 键,则将以当前单击位置为中心开始绘制正方形、正圆角矩形以及正圆形。

3. 多边形工具

在工具栏中单击【多边形工具】按钮◯。【多边形工具】的属性栏如图 2-1-9 所示。

图 2-1-9 【多边形工具】的属性栏

- 边:用来设置所要绘制的多边形的边数。
- ▭▭▭▭:绘制形状与路径时的运算方式,在路径的编辑中会重点讲解。
- 半径:该半径是指多边形的中心点到各个顶点的距离,用来确定多边形的大小。
- 平滑拐角:如果选中该复选项,则将使多边形各条边之间过渡平滑,作用效果如图 2-1-10 所示。

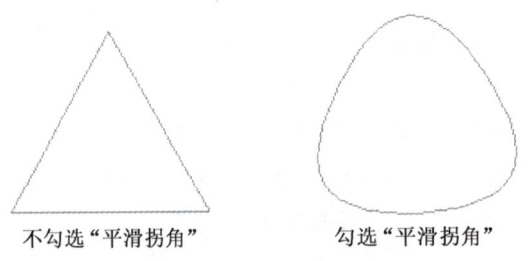

不勾选"平滑拐角"　　　　勾选"平滑拐角"

**图 2-1-10 不勾选和勾选"平滑拐角"
绘制出的三边形图形**

- 星形:制作各边向内凹进的星形。只有选择了该复选框,则缩进边依据和平滑缩进两个属性才可用。
- 缩进边依据:该数值越大,星形凹进程度越明显。
- 平滑缩进:如果选择该复选框,则星形原本凹进的角点,将以平滑的弧线替代。

4. 直线工具

直线工具用来绘制不同粗细的直线或带有箭头的线段,在工具栏中单击【直线工具】按钮，,则【直线工具】的属性栏如图 2-1-11 所示。

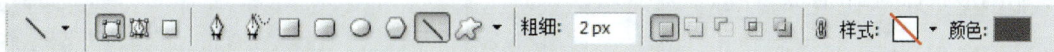

图 2-1-11　【直线工具】属性栏

- 粗细选项:设定绘制线段或箭头的粗细。
- ┌起点 ┌终点:通过勾选该复选框来设置箭头的方向,如图 2-1-12 所示。

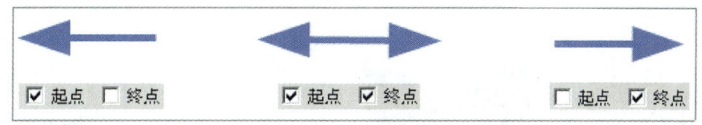

图 2-1-12　不同箭头方向设置所得到的箭头图形

- 宽度和长度:设置箭头的宽度和长度与线宽的倍率。
- 凹度:设置箭头的凹凸度,如图 2-1-13 所示。

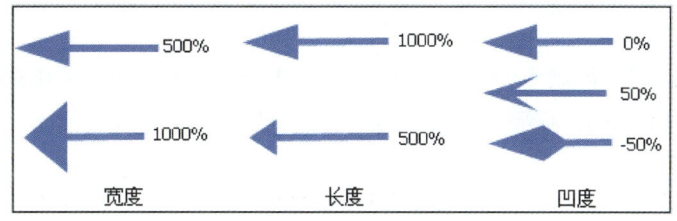

图 2-1-13　不同比例的宽度、长度、凹度效果比较

5. 自定义形状工具

自定义形状工具可以在图像中绘制一些特殊的图形和自定义图案。系统预置了很多的形状,其载入、存储等方法与渐变、图案等相同。在工具栏中单击自定义形状工具按钮 ，在【自定义形状工具】的属性栏中的当前形状库如图 2-1-14 所示。

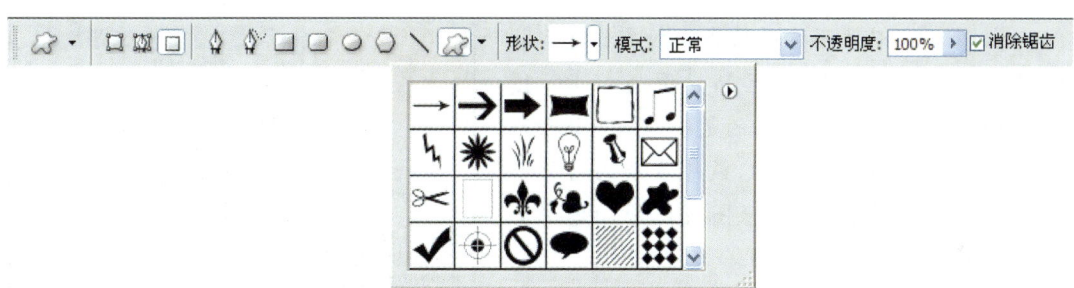

图 2-1-14　自定义形状工具面板

在图像中用任何工具绘制的路径都可以自定义成形状,保存在"自定义形状"库中,以备重复使用。

图 2-1-15 所示的是使用系统预置的形状绘制的各种图形。图 2-1-16 是用自定义形状绘制的形状、路径和像素区域。

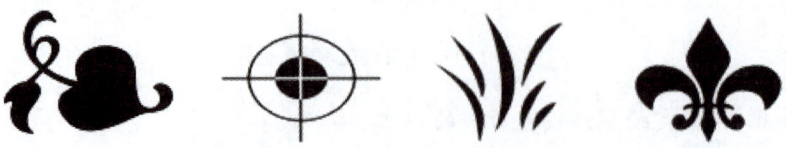

图 2-1-15　自定义图形

图 2-1-16　依次是形状、形状、路径、像素区域

二、钢笔工具组

1. 钢笔工具

钢笔工具可以用来绘制多个节点的直线或者曲线。单击工具箱中的【钢笔工具】按钮，其属性栏如图 2-1-17 所示,各图标以及属性参数作用说明如下。

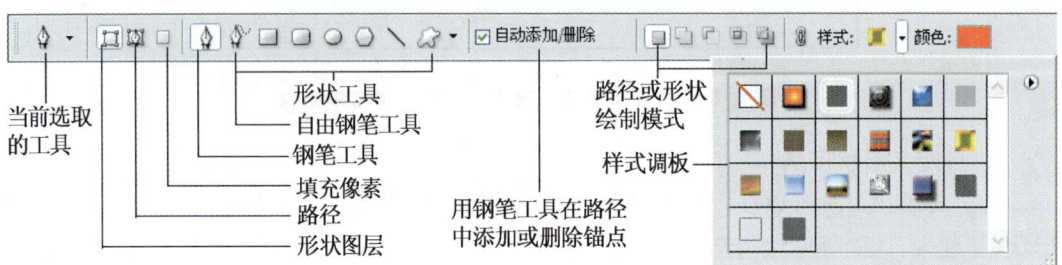

图 2-1-17　【钢笔工具】属性栏

· 从左至右的功能分别是创建形状图层、工作路径和填充区域。图 2-1-18、图 2-1-19 以及图 2-1-20 显示的是绘制圆角矩形路径时,分别选择这 3 个按钮,最终生成的对象以及对应的图层信息。这 3 张图可以帮助读者更好地理解这 3 个按钮的作用。

· 可以快速地在【钢笔工具】、【自由钢笔工具】以及【形状工具】之间

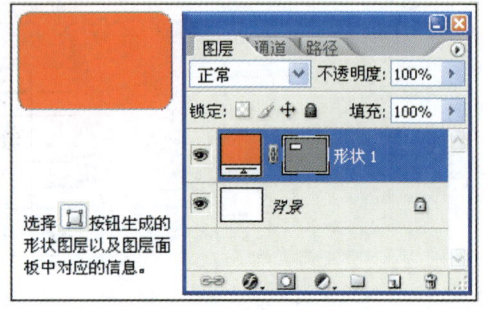

图 2-1-18　创建形状图层

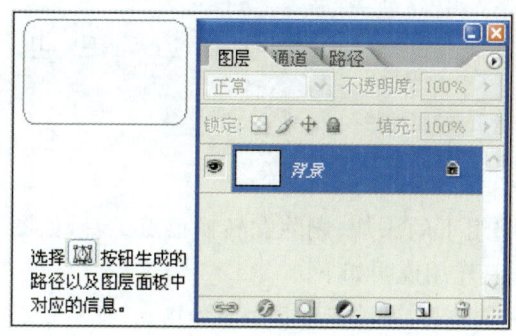

图 2-1-19 创建工作路径

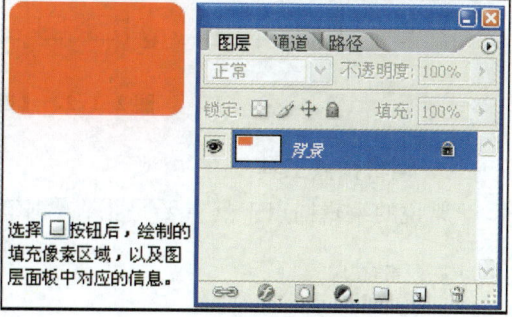

图 2-1-20 创建填充像素

切换,其中 是自由钢笔工具按钮。

- 自动添加/删除:如果选中该复选框,则可以自动添加或者删除锚点的功能。
- 样式: :单击最右侧的下拉框可以选择绘制路径时自动填充的图案样式。
- 颜色: :点击该图标可以设置绘制路径时自动填充的颜色。

使用【钢笔工具】绘制路径的操作步骤如下:

(1) 单击工具箱中的【钢笔工具】按钮 ,在其属性工具栏中单击 按钮,这样我们将绘制出单纯的工作路径。

(2) 在工作窗口中单击鼠标左键创建路径的起点,即我们通常所称的第一个锚点。

(3) 将鼠标移动至适当的位置单击,即可确定第二个锚点,这时我们会发现一条直线路径已经绘制好了,如图 2-1-21 中(a)所示。

(4) 如果将鼠标移动到新的位置,按住鼠标左键不放并且拖动鼠标,则可以通过调节曲率绘制出我们想要的曲线路径,如图 2-1-21 中(b)所示。

(5) 如果想将路径闭合,只需将鼠标移动到第一个锚点处,当鼠标变为 时单击鼠标左键即可,如图 2-1-21 中(c)所示。最后得到的闭合路径如图 2-1-21 中(d)所示。

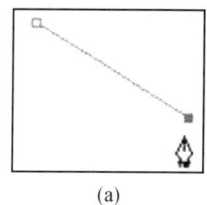
(a)

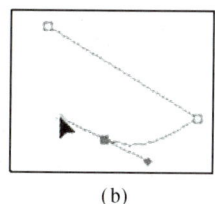
(b)

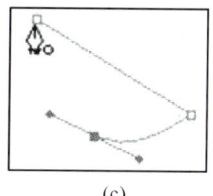
(c)

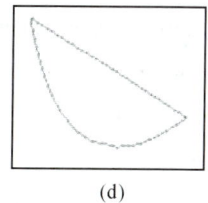
(d)

图 2-1-21 【钢笔工具】的使用

2. 自由钢笔工具

【自由钢笔工具】通常用来绘制自由平滑的曲线。其属性面板如图 2-1-22 所示,各个属性的作用与【钢笔工具】属性面板中的类似,如果选中 的复选框,则在绘制路径时可以自动在路径上添加磁性节点,使曲线更加平滑。

【自由钢笔工具】的使用方法非常简单,只要在工作窗口按住鼠标左键并拖动鼠标并可得到曲线路径。

图 2-1-22 【自由钢笔工具】属性栏

3. 编辑锚点工具

常说的编辑锚点工具主要是指在【钢笔工具】组下的添加、删除和转换锚点工具,如图 2-1-23 所示。其作用说明如下。

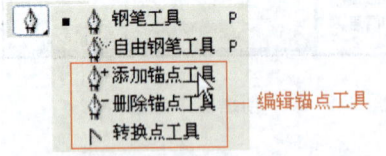

图 2-1-23 编辑锚点工具

• 添加锚点工具:通过在路径上添加锚点,可以精确地控制和编辑路径的形态。在工具面板中单击【添加锚点工具】按钮, 将光标移到要添加锚点的路径上,在光标变成 时,单击鼠标左键就可以在单击处添加一个锚点。

在路径上添加锚点不会改变工作路径的形态,但是可以通过拖动锚点或者调控其调节柄改变路径,如图2-1-24(a)所示。图 2-1-24(b)显示的是通过修改所添加的锚点的调节柄而改变的路径的形态。

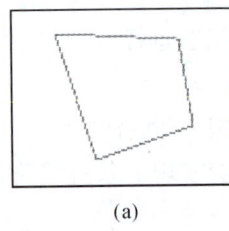 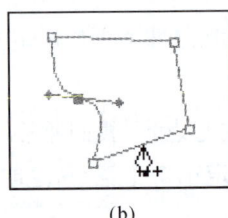 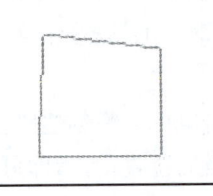 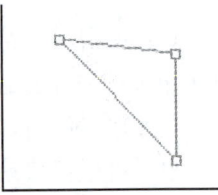

(a)　　　　　　　(b)

图 2-1-24 原路径(a)与添加锚点后的路径(b)　　图 2-1-25 原路径与删除锚点后的路径

• 删除锚点工具:【删除锚点工具】的功能与【添加锚点工具】相反,用于删除路径上不需要的锚点,其使用方法与添加锚点工具类似。在工具面板中选中【删除锚点工具】按钮, 把光标移动到想要删除的锚点上,当光标变成 时,单击鼠标左键,即可将该锚点删除。

删除锚点后,剩下的锚点会组成新的路径,即工作路径的形态会发生相应的改变,如图 2-1-25 所示。

• 转换点工具:使用转换点工具,是通过将路径上的锚点在角点和平滑点之间互相转换,实现路径在直线和平滑曲线间的转换。在工具面板中选中【转换点工具】按钮, 在路径的平滑点上单击可将平滑点转换为角点;拖曳路径上的角点可将角点转换为平滑点,并可以通过调节手柄来控制曲率,如图 2-1-26 所示。

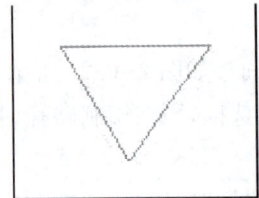 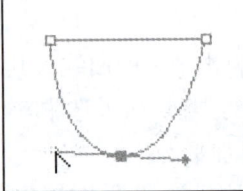 

图 2-1-26 原始路径与角点、平滑点之间的转换

拓展和提高

路径工具

一段路径绘制好后，也许还需要对其进行修改美化才能为我们所用，也就是说需要对其进行编辑。下面我们一一介绍路径的选择与编辑。

要编辑一段路径前提是要选中这段路径。路径选择工具组中包括【路径选择工具】和【直接选择工具】，如图 2-1-27 所示。【路径选择工具】可以对路径进行选择、移动、自由变换、复制等操作，而【直接选择工具】可用来对路径的锚点进行选择、移动、自由变换等操作。

这两个工具不同之处在于，使用【路径选择工具】时，可以选择整个路径且会以实心的形式显示所有锚点；而使用【直接选择工具】时，选中的锚点实心显示，没有选中的锚点则空心显示，如想选取全部锚点应按住【Shift】键后逐个选取。如图 2-1-27 所示。

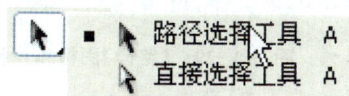

图 2-1-27 【路径选择工具】组

1. 路径选择工具

使用路径选择工具可以选择一个或几个路径并对其进行移动、组合、排列、分布和变换等操作（按住 Shift 键可以同时选中几个路径），其属性栏如图 2-1-28 所示，各图标及属性作用说明如下。

图 2-1-28 【路径选择工具】的属性栏

- 显示定界框：如果选中该复选框，将会在该路径外围显示变形控制框，可以用来对路径进行变形处理。另外，路径的变形也可以使用菜单【编辑】|【变换】命令和快捷键 Ctrl＋T 来实现。

- ：在此选择一种路径的运算方式，然后点击【组合】按钮，系统将按照各路径之间的运算关系对路径进行合并运算，并且合并为一个路径对象。

- 对齐路径：选择两个或两个以上的工作路径后，可以对它们进行排列对齐。包括顶部对齐、垂直中心对齐、底部对齐、左对齐、水平中心对齐、右对齐 6 种方式。

- 分布路径：选择了 3 个或 3 个的以上工作路径后，可以对它们进行均匀分布。包括按顶分布、垂直居中分布、按底分布、按左分布、水平居中分布、按右分布 6 种方式。

2. 直接选择工具

【直接选择工具】可以选择并移动路径中的某个锚点，通过对锚点的操作从而改变路径形态。使用方法是在工具箱中单击 按钮，然后在编辑窗口的路径上单击需要修改的某个锚点，通过鼠标的拖动就可以改变锚点的位置或者形态。

3. 路径面板

【路径】面板用来保存路径或矢量蒙板。还可以对路径进行保存、复制、删除、自由变换、

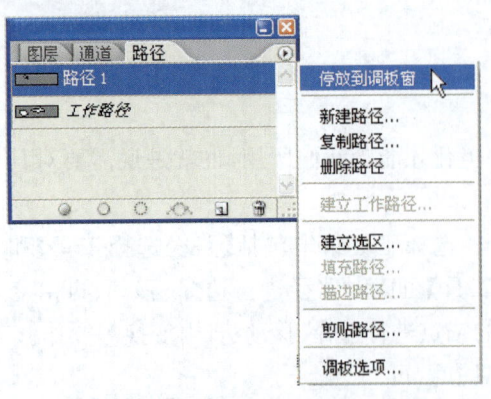

图 2-1-29 【路径】面板和路径菜单

填充、描边以及转换选区等操作。创建了路径的【路径】面板和面板弹出菜单如图 2-1-29 所示。各图标及属性作用说明如下。

- ⊙：以前景色填充路径，点击菜单中的"填充路径…"可以设置填充参数。
- ○：以前景色和当前绘画工具为路径描边，点击菜单中的"描边路径…"可以设置不同的描边笔触。
- ⊙：将当前路径转换为选择区域。
- ⊙：选择区域转换为路径（图像中有选区时此按钮才可用）。

- ⊡：在图像中新建路径。
- 🗑：删除当前选择的路径。
- 剪贴路径：在打印图像或将图像置入其他应用程序中时，分离前景对象使其他区域透明。

在【路径】面板灰色区域单击可以隐藏路径。【视图】菜单中也有显示或隐藏路径的命令。另外，工作路径是一个临时路径，不可以进行复制。通过【路径】面板上的【新建】按钮或者菜单中的【存储路径】命令或者在面板中双击【工作路径】都可以保存为永久路径。

4. 路径工具的应用

前面介绍了路径的常用编辑工具，要想创建理想的路径，通常还需使用路径的变形命令、填充路径、描边路径、路径和选区互换等。通过这些方法可以创建出边缘复杂或者形状奇特的路径。

（1）路径的变形。路径变形的各种方法和图像变形类似，下面使用实例来介绍说明。现有路径如图 2-1-30 所示，在工具箱中单击【路径选择工具】按钮，将鼠标移到当前编辑窗口，单击选中【路径】按钮，如图 2-1-31 所示。

① 若选择菜单【编辑】|【自由变换路径】命令，此时在编辑窗口的路径上会显示调节框，通过拖动鼠标调节这些节点可以改变路径形态，如图 2-1-32 所示。

图 2-1-30 现有路径

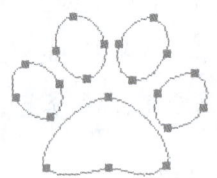

图 2-1-31 用【路径选择工具】选择路径

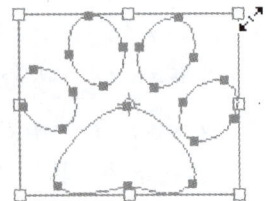

图 2-1-32 自由变换路径

② 若选择菜单【编辑】|【变换路径】命令，则会弹出如图 2-1-33 所示的菜单，其中分别有【缩放】【旋转】【斜切】【扭曲】【透视】以及【变形】等命令。

③ 按 Enter 键结束变形操作，按 Esc 键取消变形操作。

（2）填充路径。对于路径，也可以像选区一样利用前景色、图案或【历史】面板中的某一状态对其进行填充，从而可以得到更多的图像样。填充路径的操作方法与图像选区填充的操作方法类似，与填充选区不同的是，在填充路径的时候可以设置渲染选项，设置"羽化"和"消除锯齿"功能。设置填充的羽化值，有助于图像的边缘与背景的融合。具体操作步骤如下：

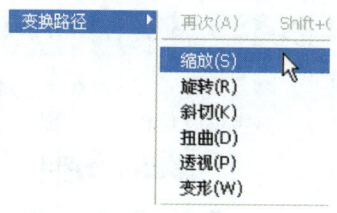

图 2-1-33 【变换路径】命令

① 使用【钢笔工具】在编辑窗口围绕伞状图形创建好路径，选中该路径，如图 2-1-34 所示，在工具箱中设置好前景色为"♯adf43c"。

图 2-1-34 在编辑窗口创建并选中路径

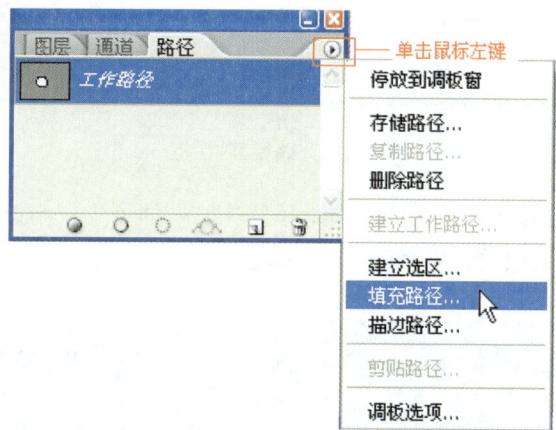

图 2-1-35 在【路径】面板中选择【填充路径】命令

② 在【路径】面板中单击右上角的⊙按钮，在弹出的菜单中选择【填充路径】命令，如图 2-1-35 所示。

③ 在弹出的如图 2-1-36 的对话框中进行填充选项设置，其中一些图标及属性参数作用说明如下。

- 使用(U)：图案 ：在此下拉列表中可以选择填充内容，包括前景色、背景色、自定义颜色、图案等。在本例中选择"前景色"，其他参数默认。

- 模式(M)：正常 ：在此下拉列表中可以选择填充内容的混合模式。

- 羽化半径：设置填充后的羽化效果，该数值越大，羽化效果越明显。

④ 设置好【填充路径】对话框中的内容后单击【确定】按钮，此时编辑窗口的路径区域如图 2-1-37 所示。

实际上，对于填充路径，最常用的快捷方法是先选中【路径】，然后在工具箱中设置前景色，再单击【路径】面板上的【用前景色填充路径】按钮 ，就可以直接对路径进行填充。

（3）路径和选区的互换。在图像处理的过程中，路径和图像的选区是可以实现互换的。

有些比较复杂的路径可以先制作选区，再由选区转换成路径。比如在当前编辑窗口可以轻松地利用【魔棒工具】制作如图 2-1-38 所示的选区，然后只需在【路径】面板中单击下方

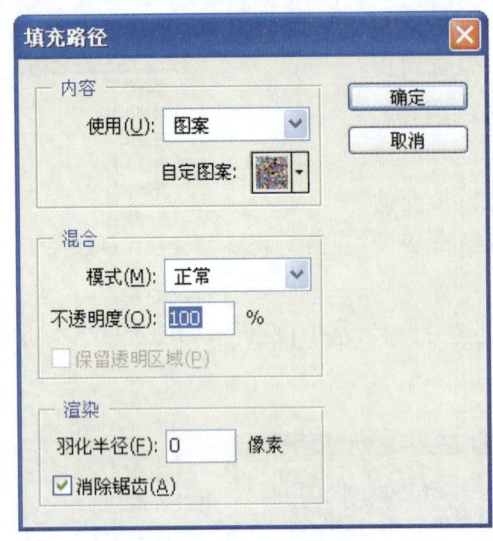

图 2-1-36 【填充路径】对话框

图 2-1-37 填充后的图像

的【从选区生成工作路径】按钮 ，即可生成与该选区形状一样的工作路径，在【路径】面板中可以看出路径的信息，如图 2-1-39 所示。

图 2-1-38 在当前编辑窗口制作选区

图 2-1-39 由选区转换成的工作路径

如果要想将现有路径转换为选区，只需在【路径】面板中单击下方的【将路径作为选区载入】按钮 即可。也可以在【路径】面板中单击右上角的 按钮，在弹出的菜单中选择【建立选区】命令进行进一步设置。

（4）保存路径。制作好的路径，可以将其保存起来以便日后再用。

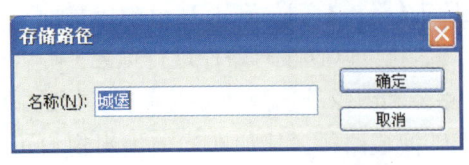

图 2-1-40 【存储路径】对话框

以图 2-1-39 中的工作路径为例，选中该路径。在【路径】面板中单击右上角的 按钮，然后在弹出菜单中选择【存储路径】命令，再在弹出的如图 2-1-40 所示的对话框中定义路径的名称，在这里我们将其定义为"城堡"，单击【确定】按钮即可。

（5）输出路径。在 Photoshop CS 2.0 中创建的路径可以保存输出为 *.ai 格式，然后在 Illustrator、3DS MAX 等软件中继续应用。操作方法是选择菜单【文件】|【导出】|【路径到 Illustrator…】命令，在弹出的【导出路径】对话框中设置保存的路径和文件名，最后单击【保存】按钮即可。

5. 文字工具的应用

在【工具】面板中单击 **T** 按钮，会弹出如图 2-1-41 所示的子工具栏，其中各工具作用说明如下。

图 2-1-41　文字工具

- **T**：输入横向的文字。
- **IT**：输入纵向的文字。
- **T**：创建横向的文字选区（蒙版文字）。
- **IT**：创建纵向的文字选区（蒙版文字）。

注意

1. 利用【横排文字工具】**T** 和【直排文字工具】**IT** 可以快捷地在图像中输入文本，此时系统将自动为所输入的文本单独创建一个图层。

2. 利用【横排文字蒙版工具】**T** 和【直排文字蒙版工具】**IT** 可以制作文字形状的选区，系统不会自动创建图层。也就是说，使用横排和直排文字蒙版工具创建的实际上是一个选区，而非文字，只是选区的形状像文字罢了。

【实例 2-1】　输入点文字　在 Photoshop CS 4.0 中，可以输入点文字和段落文字。输入点文字时，在准备输入文字的位置光标形状会变成一个控制光标。点文字的输入比较简单，现在以实例说明，操作步骤如下：

（1）在工具面板中单击 **T** 按钮，在编辑窗口想要输入文字的地方单击鼠标左键，这时光标会变成闪烁状，等待输入文字，如图 2-1-42 所示。

（2）在横排文字工具的属性栏中进行字体的基本设置，如图 2-1-43 所示，其中有些图标及属性参数作用说明如下。

图 2-1-42　等待输入文字

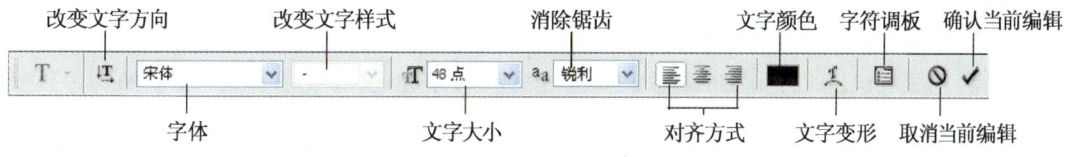

图 2-1-43　文字工具选项栏

- **IT**：更改文字方向。
- **隶书**：设置文本字体，在下拉列表中有"宋体""楷体""黑体"等多种选项。

- T 30点 :设置文本大小,可以在下拉列表中选择大小,也可以直接输入数字进行设置。

- a_a 无 :设置消除锯齿的方法。下拉列表中包括"无""锐利""犀利""浑厚"以及"平滑"这几种方式。

- :设置文本的对齐方式,从左至右分别是"左对齐"、"居中对齐"和"右对齐"。

- ■:设置文本的颜色。在此处单击鼠标左键,然后在弹出的【拾色器】对话框中选择颜色。

- :创建文字变形的样式。单击该按钮弹出【变形文字】对话框,在其中可以选择文字的变形方式,如图 2-1-44 所示。

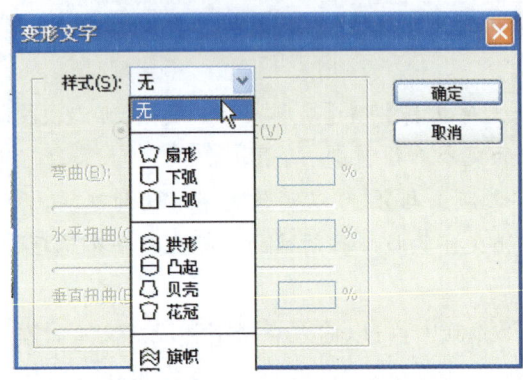

图 2-1-44 【变形文字】对话框   图 2-1-45 输入文字

- :显示/隐藏字符和段落调板。

- :取消所有当前编辑。

- :提交所有当前编辑。

(3) 在图像上,输入"山色朦胧"几个文字,如图 2-1-45 所示,然后单击文字选项工具栏中的✓按钮即可。

【实例 2-2】 创建空心文字 如果想输入段落文字,首先要在图像上用鼠标拖拉出一个控制框,输入的文字会被限制在这个框中,利用这个控制框可以缩放和旋转段落文字。下面利用【直排文字蒙版工具】输入段落文字来进行说明,具体操作步骤如下:

(1) 在工具面板中单击【直排文字蒙版工具】按钮,然后在图像上文字开始的位置单击鼠标按住左键并拖动至文字结束的位置松开鼠标,形成段落文本控制框,如图 2-1-46 所示。

提示 在默认情况下,利用文字蒙版工具输入文字时,页面呈淡红色、文字显示为透明的实体效果。

(2) 在其中输入"不识庐山真面目 只缘生在此山中"的字样,如图 2-1-47 所示,通过段落控制框可以调节文本的范围,然后单击✓按钮即可得到如图 2-1-48 所示的文字选区效果。

(3) 选择菜单【编辑】|【描边】命令,在弹出的【描边】对话框中设置描边距离,就得到如图 2-1-49 所示的效果,所以利用文字蒙版工具,可以轻松地创建空心文字。

图 2-1-46　在图像上创建段落控制框

图 2-1-47　输入文本

图 2-1-48　建立好文字选区

图 2-1-49　描边选区

【实例 2-3】　创建变形文字　变形文字有很多种制作方式,除了可以在图 2-1-44 所示的文字工具栏中单击变形按钮 进行设置以外,也可以将文字转换为路径以后进行编辑;还可以通过添加图层样式、滤镜效果等手段来实现。

在编辑窗口输入文字以后,还可以通过菜单【编辑】|【自由变换】命令或者【编辑】|【变换】命令来实现文字的变形。在图 2-1-50 中,选中文字"椰树风情",然后选择菜单【编辑】|【自由变换】命令,此时,在文字的周围会显示变形调节框,通过鼠标的拖动等操作实现文字的变形,如图 2-1-51 所示。其操作类似于图像的变形操作,这里就不再一一介绍。

图 2-1-50　选中文字

图 2-1-51　变形操作

思考与练习

简述路径和选区的关系。

<h1 style="text-align:center">任务二　使用 Photoshop 编辑图像</h1>

任务描述

通过前面的学习,我们知道了如何选择整个图像,如何选择局部图像。那么,对选择好的图像如何进行编辑处理呢? Photoshop 提供了多种菜单命令和工具,对图像进行处理。比如,使用各种各样的画笔绘画、修复图案中的残缺点、填充图案、将图像变得模糊、修正图像的饱和度等等。

任务分析

利用【仿制图章工具】完成图像的复制。将如图 2-2-1(a)所示图像上白色荷花复制到图像的左上角,复制后的效果如图 2-2-1(b)所示;并将如图 2-2-3(a)所示图像上的花草设置旋转 15 度复制在图像的左边,复制后的效果如图 2-2-3(b)所示。

方法与步骤

(1) 在 Photoshop CS 4.0 中分别打开图 2-2-1(a)与图 2-2-3(a)。

(a)　　　　　　　　　　(b)

图 2-2-1　【仿制图章工具】克隆图像的示意图

(2) 选择【窗口】|【仿制源】命令,打开如图 2-2-2 所示的【仿制源】调板,调板中各选项的作用说明如下。

- **仿制取样点**:用来设置取样复制的采样点,可以一次设置 5 个取样点。

- 位移:用来设置复制源在图像中的坐标值。
- 缩放:用来设置被仿制图像的缩放比例。
- 旋转:用来设置被仿制图像的旋转角度。
- 复位变换:单击该按钮,可以清除设置的仿制变换。
- 位移:用来设置被仿制图像相对取样点的坐标,取样点的坐标值为 X=0,Y=0。
- 显示叠加:勾选该复选框,可以在仿制的时候显示预览效果。
- 不透明度:用来设置复制的同时会出现采样图像的图层的不透明度。
- 自动隐藏:仿制时将叠加层隐藏。
- 反相:将叠加层效果以负片显示。

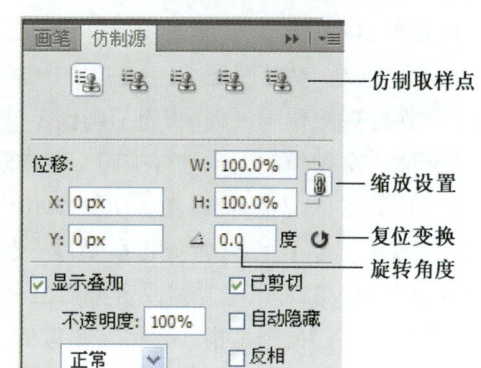

图 2-2-2 【仿制源】调板示意图

(3) 按照图 2-2-2 所示设置参数,处理图 2-2-1(a)。按住 Alt 键,在图像中合适的位置单击鼠标设置源区域,如图 2-2-1(a)所示,松开 Alt 键后鼠标指针变为一个圆圈。

(4) 将圆形鼠标指针移动到图像中要复制的位置处,单击并拖动鼠标在图像上涂抹。随着鼠标的移动,源指针也在图像上移动,源区域的像素被复制在目标指针的指示处(源指针鼠标为十字型,目标指针鼠标为圆形光标),如图 2-2-1(b)所示,松开鼠标即可得到克隆的图像。

(5) 切换到图 2-2-3(a)(如下所示),选择【窗口】|【仿制源】命令,打开【仿制源】调板,按住 Alt 键,在图像中合适的位置单击鼠标设置源区域。

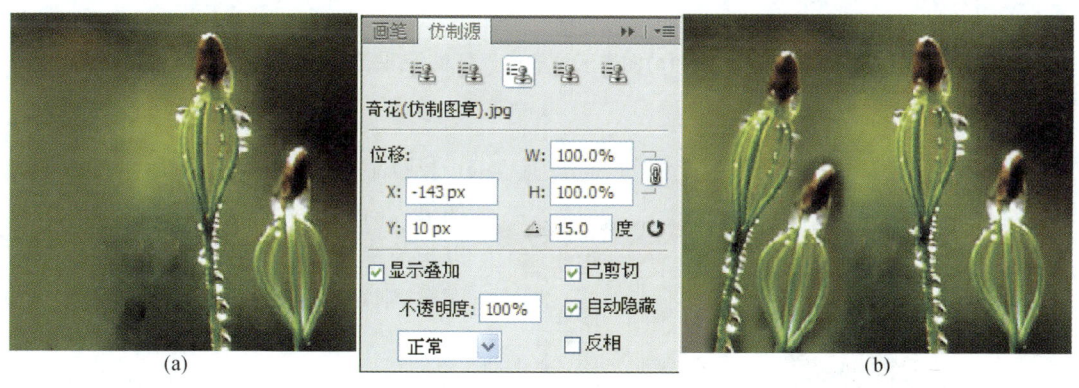

(a)　　　　　　　　　　　　　　　　　(b)

图 2-2-3 在【仿制源】调板中设置参数后的复制效果图

(6) 按照图 2-2-2 的【仿制源】调板设置参数,将圆形鼠标指针移动到图像中要复制的位置处,单击并拖动鼠标在图像上涂抹,效果如图 2-2-3(b)所示。

相关知识与技能

一、图像的基本编辑

基本的图像编辑包括复制/粘贴图像、删除图像、裁切图像、给图像用某种颜色描边、改变图像的像素大小、变换图像等等。

1. 复制／粘贴图像

在处理图像的过程中，为了确保不破坏原图像（素材）或者需要使用相同的图像，有时需要复制一个图像的副本进行编辑。菜单【编辑】|【拷贝】命令（快捷键【Ctrl】+【C】）用来复制选区中的图像，而【编辑】|【剪切】命令（快捷键【Ctrl】+【X】）用来剪切选区中的图像。菜单【编辑】|【粘贴】命令（快捷键【Ctrl】+【V】）或者【编辑】|【粘贴入】命令（快捷键【Ctrl】+【Shift】+【V】）可以把复制或者剪切出来的图像粘贴到本图像或者其他的图像中。菜单【编辑】|【粘贴入】命令是指在要粘贴图像的位置上，必须存在一个选区，然后把复制或剪切的图像粘贴到这个选区当中。不论选区是大于还是小于要粘贴的图像，图像都在这个选区内。实际上，这个存在的选区是一个蒙板（关于蒙板的概念我们后面会介绍）。图 2-2-4 所示的是图像的复制和粘贴。

(a)   (b)

图 2-2-4 将(a)图选区中的像素复制/粘贴至(b)图中

2. 删除图像

点击菜单【编辑】|【清除】（或者按键盘上的【Delete】键）命令，可以将选区内的图像删除。

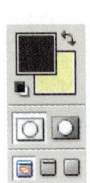 

如果当前层是背景层，则被删除的区域以当前背景层填充；如果当前层是普通图层，则被删除的区域变成透明的。图 2-2-5 所示的是当工具箱中背景色设置为黄色而且当前层是背景层时，在图像中删除选区中的图像后自动填充为黄色。

图 2-2-5 【编辑】|【清除】功能

3. 给选区描边

在设定好的选区上，可以使用选定的颜色对选区的边缘进行描边。描边的方法是首先在图像上设置一个选区，然后选择菜单【编辑】|【描边】命令，在弹出的如图 2-2-6 所示的【描边】对话框中设置描边的属性参数，各项属性参数的作用说明如下。

- 宽度:设置用来描边笔触的宽度。
- 颜色:设置用来描边笔触的颜色。如果采用默认设置,则将会使用工具箱中前景色颜色框中的颜色来描边;如果想另外设置颜色,则可以单击对话框中的颜色框,在弹出的【拾色器】中拾取想要的颜色。
- 位置:设置描边笔触与选区边缘线的位置关系。
- 模式:设置描边笔触颜色和背景颜色的混合模式。
- 不透明度:设置描边笔触的不透明度,该值越小越透明。

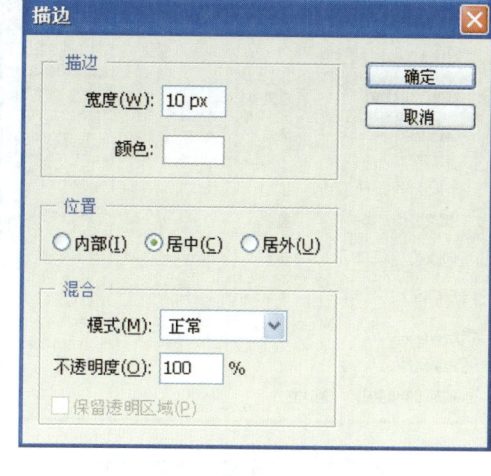

图 2-2-6 【描边】对话框

设置好参数单击【好】确认即可,如图 2-2-7 所示的是对(a)图像中的选区按图 2-2-6 进行描边设置后,得到的图 2-2-7(b)图的效果。

(a)   (b)

图 2-2-7 给选取描边

4. 图像自由变换

图像的自由变换和选区的自由变换类似,只不过图像的变换是将整个图像或者选区中的像素连同选区一起变形;而选区的自由变换只是将选区变形。

如果需要将整幅图像变形,可以选择菜单【选择】|【全选】命令将所有像素都选中;如果只需要变形局部像素,则使用选择工具先设置选区,然后选择菜单【编辑】|【自由变换】命令或者选择菜单【编辑】|【变换】命令,具体操作方法类同于选区的自由变换。

注意 选区的变换命令快捷键为【Ctrl】+【T】,这是一个使用比较多的快捷键。另外,对图像的旋转等变换,如果角度不是 90 度的倍数,有可能会导致图像的失真。当然,这取决于图像的物体构成和图像大小。

5. 修改图像/画布大小

(1)选择菜单【图像】|【图像大小】命令后,在弹出的如图 2-2-8 所示的【图像大小】对话框中可以修改图像的大小,其中各项属性参数作用说明如下。

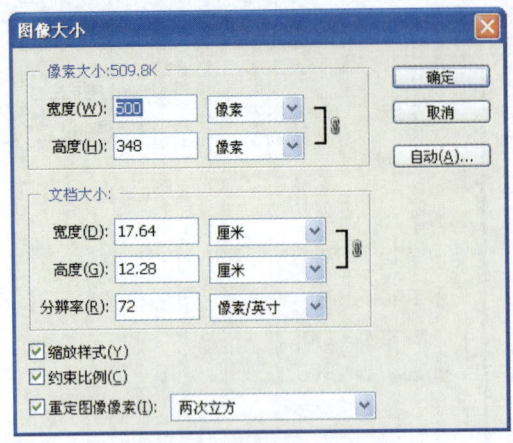

图 2-2-8 【图像大小】对话框

- 像素大小：设置图像的宽度和高度。
- 文档大小：此项下的宽度和高度参数变化和【像素大小】下的宽度和高度变化是同步的，也就是说，【像素大小】和【文档大小】可以选择只设置其中一项，那么另外一项下的参数也会作相应的变化。其中的【分辨率】参数可以独立设置，分辨率越大，文档的最终大小也就越大，默认的分辨率是72px。
- 约束比例：如果勾选此项，就固定了文档宽度和高度的比例。一旦重新设置了宽度（高度）的参数值，则高度（宽度）参数值就会按原先设定的比例作相应的修改。

- 重定图像像素：选中此选项，则可以分别对图像的分辨率、高度和宽度进行单独修改，从而改变图像大小；如果不选中此项，则当修改了宽度或者高度后，分辨率会自动被修改，以保持图像总大小不变。

（2）选择菜单【图像】|【画布大小】命令后，在弹出的如图 2-2-9 所示的【画布大小】对话框中可以修改画布的大小，其中各项属性参数作用说明如下。

- 当前大小：当前画布的宽度和高度。
- 新建大小：重新设置画布的宽度和高度。
- 相对：如果勾选了此项，则在宽度和高度参数框中设置的就是相对于图像来说画布在宽度上和高度上单边向外扩展的距离大小。如果在勾选了此项后，在宽度或者高度中设置参数为负值，则图像将会自动作相应的切割，以便适应画布的大小。

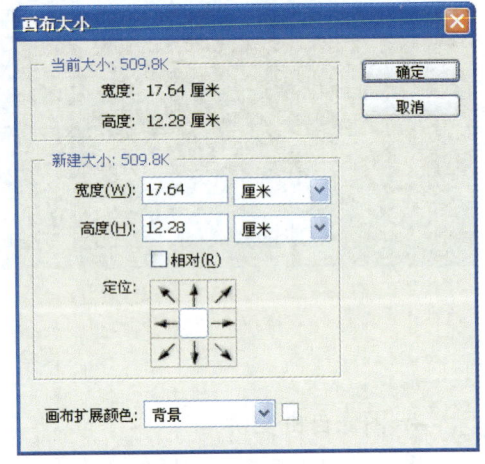

图 2-2-9 【画布大小】对话框

- 定位：设置当画布大小大于图像的大小的时候，图像在画布上的位置。

6. 裁切工具

使用 Photoshop 中提供的裁切工具可以方便地将图像中需要的像素区域裁切下来，而把多余的部分去除。操作方法如下：

（1）单击工具箱中的【裁切工具】按钮 ，则鼠标指针变形为裁切工具的图样。

（2）在图像上拖拽鼠标划定需要裁切的范围，如图 2-2-10 所示。如果觉得所确定的裁切区域不合适，还可以通过调整其边框上的调整点来重新设定裁切区域。

（3）确定好了裁切区域后，在图像上裁切区域内双击鼠标即可。如图 2-2-11 所示的即是裁切下来的图像。

图 2-2-10　裁切图像

图 2-2-11　裁切后的图像

二、填充工具的应用

1. 油漆桶工具

【油漆桶工具】和【渐变工具】在工具面板中是组合在一起的,如图 2-2-12 所示。使用【油漆桶工具】可以在图像中或者指定的像素区域中使用前景色来填充,其特别之处在于它在填充

图 2-2-12　【油漆桶工具】
和【渐变工具】

时会先对单击鼠标处的颜色进行取样,然后自动将图像中与取样色相近的颜色全部以前景色填充。图 2-2-13 所示的是使用【油漆桶工具】填充的效果。

图 2-2-13　【油漆桶工具】使用前景色填充

2. 渐变工具

【渐变工具】也是用来填充颜色,但其与【油漆桶工具】的区别是:不是用纯色来填充,而是用有变化的颜色来填充。【渐变工具】的工具属性栏如图 2-2-14 所示,其中主要图标及属性参数的作用说明如下。

图 2-2-14　【渐变工具】的工具属性栏

- 渐变类型 ![渐变类型图标] (编辑渐变):单击该属性框可以打开【渐变编辑器】如图 2-2-15 所示,可以选择和编辑渐变的模式,并设置渐变色的透明度。
- 渐变样式 ![渐变样式图标]:分别代表了渐变的样式,依次是线性渐变、径向渐变、角度渐变、对称渐变和菱形渐变,效果如图 2-2-16 所示。
- 模式:用来设置填充渐变色和图像之间的混合模式。
- 不透明度:用来设置填充渐变颜色的透明度。数值越小填充的渐变色越透明。
- 反向:如果选择了此复选框,则反转渐变色的先后顺序。

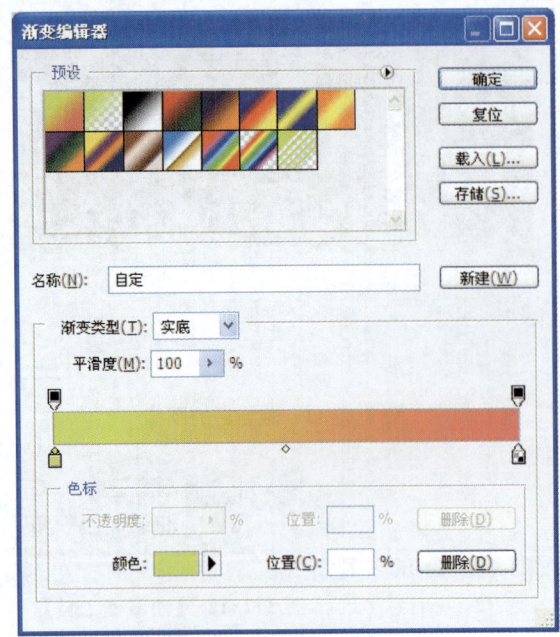

图 2-2-15 【渐变编辑器】

- 仿色：如果选择了此复选框，可以使渐变颜色之间的过渡更加柔和。
- 透明区域：如果选择了此复选框，则渐变色中的透明设置以透明蒙版形式显示。

【渐变工具】的操作方法也很简单，在图像中或者指定的像素区域中按下鼠标左键设置起点，拖动鼠标到终点处松开鼠标，则就在图像或者指定的像素区域中填充了渐变色。

三、绘图工具及其应用

画笔工具组中包括【画笔工具】、【铅笔工具】和【颜色替换工具】，如图 2-2-17 所示。熟练地使用这三种工具可以方便快捷地绘制出不同的肌理笔触，为使用 Photoshop 绘图打下良好的基础。

| 线性 | 径向 | 角度 | 对称 | 菱形 |

图 2-2-16　几种渐变方式下的效果

1. 画笔工具

使用 Photoshop 中提供的画笔工具，可以在图像上绘制丰富的艺术笔触。在工具箱中单击【画笔工具】✐，在【画笔工具】的属性栏中单击【画笔】后的小三角形按钮，在弹出的列表中选择合适的笔触，如图 2-2-18 所示，其中各项属性参数的作用说明如下。

图 2-2-17　画笔工具组

- 模式：设置画笔笔触与背景融合的方式。
- 不透明度：决定笔触不透明度的深浅，不透明度的值越小笔触就越透明，也就越能够透出背景图像。
- 流量：设置笔触的压力程度，数值越小，笔触越淡。
- 喷枪：单击【喷枪】按钮后，【画笔工具】在绘制图案时将具有喷枪功能。
- 画笔调板：该按钮位于画笔工具选项栏最右边，单击该按钮，系统会打开【画笔】调板，可以从中对选取预设的画笔进行更精确的设置。

在图 2-2-15 所示的画笔图样中选择合适的笔触后，即可以绘制图案。如图 2-2-19 所示的是当前景色不同时分别使用同一种画笔笔触绘制得到的图案。

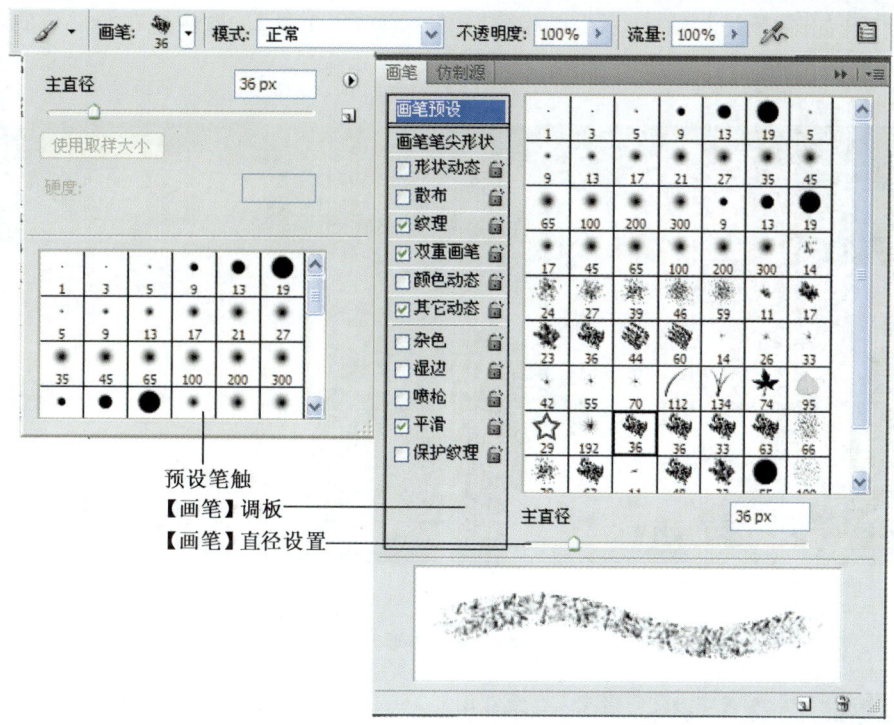

图 2-2-18　画笔设置

图 2-2-19　当前景色不同时分别使用同一种画笔笔触绘制得到的图案

　　注意　使用画笔绘制图案的最终效果不仅和画笔的笔触类型、笔触流量等设置有关,还和当前文档的前景色设置有关。

　　除了使用 Photoshop 本身提供的画笔以外,还可以自定义不同图案的画笔,不管是一个文字或者是一幅图片都可以被定义为画笔。下面以具体的实例来说明自定义画笔的方法。

　　【实例2-4】　将如图 2-2-20(a)所示的图像中的红色花朵定义为画笔,然后用新画笔绘制图案操作步骤如下:

① 打开如图 2-2-20(a)所示的图像,使用【快速选择工具】选取红色花朵部分的像素,如图 2-2-20(b)中所示。

(a)   (b)

图 2-2-20 在图片中选择需要定义为画笔的像素

图 2-2-21 定义画笔

② 选择菜单【编辑】|【定义画笔】命令,在弹出的如图 2-2-21 所示的【画笔名称】对话框中为此画笔图案命名为"花朵",单击【确定】按钮。

③ 新建一个文档,大小为 500×500 像素,背景色为白色。

④ 在工具箱中单击【画笔工具】按钮 ✐ ,在【画笔工具】的工具选项栏上的【画笔】的小按钮,在弹出的画笔笔触类型列表中选择最后一个选项,即刚才定义的"花朵"笔触,如图 2-2-22 所示。在这里还可以通过【主直径】下的参数滑块来调节笔触的大小,此例中我们将此参数设置为 100。

⑤ 参数都设置好后在文档窗口中单击鼠标绘制图案即可。图 2-2-23 所示的是当前景色不同时分别使用画笔图案"花朵"绘制得来的图形。

注意 一旦系统中重新安装 Photoshop CS 4.0,则除 Photoshop CS 4.0 本身自带的画笔以外的自定义的新画笔将全部消失。所以,为了方便以后的使用,可以通过选择【窗口】|【画笔】命令,打开【画笔】调板,单击调板右侧的菜单按钮,然后在其弹出菜单上选择【存储画笔】命令,将自定义的画笔保存。

保存后的画笔随时可以载入使用,载入方法是在

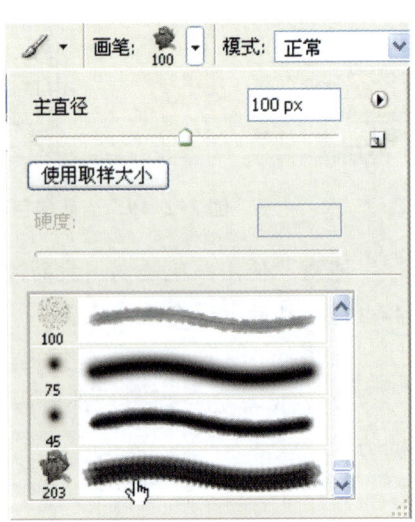

图 2-2-22 选择笔触、设置参数

图 2-2-23　使用自定义的画笔绘制的图形

触边缘是有棱角的,如图 2-2-24 所示,所以虽然可以使用其来绘制图案,但在 Photoshop 中通常使用其来绘制线条。

铅笔工具的使用方法很简单,在工具箱中单击【铅笔工具】按钮 ✎,即可以在文档中绘制线条或者图案。【铅笔工具】的工具属性栏如图 2-2-25 所示,在这里可以设置铅笔的笔触类型和参数。其作用说明如下。

【画笔】面板的弹出菜单上选择【载入画笔】命令,然后选择需要载入的画笔名称即可。

2. 铅笔工具

所谓铅笔工具,顾名思义,是通过其绘制出来的图案笔触类似于生活中用铅笔所绘制出来的图案笔触。铅笔工具所绘制出来的笔

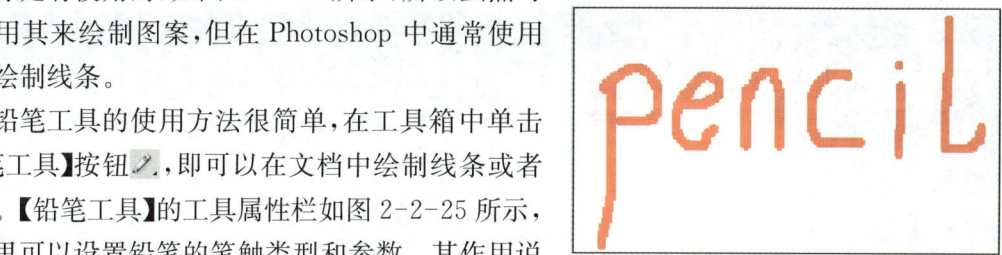

图 2-2-24　使用铅笔工具绘制的笔触

图 2-2-25　铅笔工具属性栏

- 自动抹除:如果选择该复选项,则当铅笔工具在与前景色相同的像素区域中绘制图像时,将会自动抹掉前景色,而用背景色来填充笔触。在默认情况下,该复选框为不选择状态。

　　注意　使用铅笔工具绘制线条时,如果同时按住【Shift】键可以绘制水平线或者垂直线。

3. 颜色替换工具

使用【颜色替换工具】时可以用已选取的前景色来改变目标颜色,从而快速地完成整幅图像或者图像上的某个选区中的色相、颜色、饱和度和明度的改变。选择【颜色替换工具】后的工具选项栏如图 2-2-26 所示。前面章节未介绍的图标及选项的属性参数的作用现说明如下。

图 2-2-26　【颜色替换工具】选项栏

- 模式:该下拉列表意义是用来设置替换颜色时的混合模式。包括【色相】、【饱和度】、【颜色】和【明度】几个选项。其中颜色为色相、饱和度与明度的综合。

- 取样 ✎✎✎:该按钮组用来选择取样类型。单击 ✎ 按钮,在拖动鼠标时可以连续对颜色进行取样;单击 ✎ 按钮,只能采样单击鼠标时光标所在位置的颜色,并设置此色为基准色;单击 ✎ 按钮,只能替换包含当前背景色的区域。

- 限制:用来确定替换颜色的作用范围,共有 3 个选项。选择【连续】选项,可以替换指

针拖动范围内所有与指定颜色相近并相连的颜色;选择【不连续】选项,可以替换指针拖动范围内所有与指定颜色相近的颜色;选择【查找边缘】选项,可以替换所有与指定颜色相近并相连的颜色,并可以保留较强的边缘效果。

- 容差:该数值越大,被替换的范围越大。

【实例2-5】 利用【颜色替换工具】将如图2-2-27(a)所示的图像中的花朵颜色改为如图2-2-27(b)所示的蓝色,操作步骤如下:

(a)　　　　　　　　　　　　　　(b)

图2-2-27　使用【颜色替换工具】修改图像的前后效果

① 在Photoshop CS 4.0中打开图2-2-27(a)。

② 在工具箱中将前景色设置为#4902fc。

③ 选取【颜色替换工具】按钮，如图2-2-26所示,在【颜色替换工具】的工具选项栏上属性参数【画笔】直径为400px,【模式】为颜色,【限制】为查找边缘,【容差】为50%。

④ 设置好后,用鼠标在花朵上拖曳,颜色替换后的效果如图2-2-27(b)所示。

拓展和提高

一、修饰工具及其应用

1. 修复图像工具组

修复图像工具组包括修复工具组、图章工具组、橡皮擦工具组、模糊工具组和色调工具

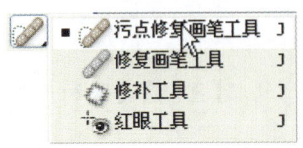

图2-2-28　修复工具组

组等。这些工具都是用来对图像的某个部分进行修饰的,且都是使用画笔工具(绘画工具)进行修饰图像的,所以画笔工具的属性设置会影响到修饰的质量。

修复图像工具组中包含【污点修复画笔工具】【修复画笔工具】【修补工具】以及【红眼工具】,如图2-2-28所示,这几种工具的用法类似,都是用来修复图像上的瑕疵、褶皱或者破损部位等等。不同的是,【修补工具】主要是针对区域像素而言的,而【红眼工具】则主要针对照片中常见的红眼而设。

（1）污点修复画笔工具。【污点修复画笔工具】比较适合用来修复图片中小的污点或者杂斑，如果需要修复大面积的污点等最好使用后面介绍的【修复画笔工具】【修补工具】以及【橡皮图章工具】等。

图 2-2-29　有小污点的图片

如图 2-2-29 所示，可以看到在图片的上方有很多小的污点，我们使用【污点修复画笔工具】来修复。

单击工具箱中的【污点修复画笔工具】，此时【污点修复画笔工具】的工具属性栏如图 2-2-30 所示，其中各项属性参数作用说明如下。

图 2-2-30　【污点修复画笔工具】的工具属性栏

- 画笔：设置画笔的形状和大小。
- 模式：设置修复图像时的色彩混合模式。
- 类型：如果选中【近似匹配】选项时，如果没有为污点建立选区，则样本以污点周围的像素为准取样，并用来覆盖鼠标单击位置的像素，以达到修复的目的；如果为污点建立选区，则样本以选区外围的像素为准取样。如果选中【创建纹理】选项时，则使用选区中的所有像素创建一个用于修复该区域的纹理。

- 对所有图层取样：是指在多个图层存在的情况下，可以使取样范围扩大到所有的可见图层。

【实例 2-6】　利用【污点修复画笔工具】将如图 2-2-31(a)所示图像上的污点去除，污点修复后的效果如图 2-2-31(c)所示　操作步骤如下：

① 在 Photoshop CS 4.0 中打开 2-2-31(a)图。

(a)　　　　　　　　　　　　(b)　　　　　　　　　　　　(c)

图 2-2-31　【污点修复画笔工具】修复图像示意图

② 将画笔调整到与要修改的污点大小相似（画笔笔触比污点稍大一点为好），这时鼠标图像变为画笔笔触形状，如图 2-2-31(b)所示，将鼠标移动到污点处单击一下即可。

③ 依照步骤②分别将其他污点修复完毕,修复后的效果如图 2-2-31(c)所示。

(2) 修复画笔工具。【修复画笔工具】可以复制指定的图像区域中的肌理、光线等,并将它与目标区域像素的纹理、光线、明暗度融合,使图像中修复过的像素与临近的像素过渡自然,合为一体。

使用该工具进行修复时先要进行取样,按住【Alt】键不放,单击图像中需要获取修补色的地方,再用鼠标在待修补的位置上涂抹,完成图像瑕疵的修复。

单击工具箱中的【修复画笔工具】按钮 ✐,此时【修复画笔工具】的工具选项栏如图 2-2-32 所示,其中各选项的属性参数作用说明如下。

图 2-2-32 【修复画笔工具】的工具选项栏

- 模式:用来设置修复时的混合模式。如果选用【正常】选项,则使用样本像素进行绘画的同时可把样本像素的纹理、光照、透明度和阴影与像素相融合;如果选用【替换】选项,则只用样本像素替换目标像素,在目标位置上没有任何融合。也可在修复前建立一个选区,则选区限定了要修复的范围在选区内。
- 源:选择修复方式,有下面 2 个方式。
  - 取样:勾选【取样】选项后,按住【Alt】键不放并单击鼠标获取修复目标的取样点。
  - 图案:勾选【图案】选项后,可以在【图案】列表中选择一种图案来修复目标。
- 对齐:勾选【对齐】复选框后,只能用一个固定位置的同一图像来修复。
- 样本:选取图像的源目标点。包括以下 3 种选择。
  - 当前图层:当前处于工作状态的图层。
  - 当前图层和下面图层:当前处于工作状态的图层和其下面的图层。
  - 所有图层:可以将全部图层看成单图层。
- 忽略调整图层:单击该按钮,在修复时可以忽略图层。

单击【修复画笔工具】按钮,按照图 2-2-32 所示的工具选项栏设置选项,修复前有污点的图像如图 2-2-33(a)所示,按住【Alt】键在污点附近单击鼠标取样,然后在污点处拖曳鼠标,就可擦除污点,修复后的图像如图 2-2-33(b)所示。

(3) 修补工具。【修补工具】与【修复画笔工具】的功能差不多,不同的是【修补工具】可以精确地针对一个区域进行修复。该工具比【修复画笔工具】使用更为快捷方便,所以通常使用此工具来对照片、图像等进行精处理。

单击工具箱中的【修补工具】按钮 ✥,此时文档窗口上方显示该工具的工具选项栏如图 2-2-34 所示,其各选项的属性参数作用说明如下。

- 修补:指定修补的源与目标区域,有下面两个选项。
  - 源:只要修补的对象是现在选中的区域。
  - 目标:与【源】选项正好相反,要修补的是选区被移动后到达的区域,而不是移动前的区域。

(a)   (b)

图 2-2-33　修复有大污点的图片

图 2-2-34　【修补工具】的工具选项栏

　　• 透明:如果勾选该项,则被修补的区域除边缘融合外,还有内部的纹理融合,被修补的区域好像作了透明处理。如果不选该项,则被修补的区域与周围的图像只在边缘上融合,而在内部图像的纹理保留不变。

　　• 使用图案:单击该按钮,被修补的区域将会以后面显示的图案来修补。

　　【实例 2-7】　利用【修补工具】将如图 2-2-35(a)所示图像上的污点去除,污点修补后的效果如图 2-2-35(b)所示。操作步骤如下:

　　① 在 Photoshop CS 4.0 中打开图 2-2-35(a)。

　　② 将鼠标移动到图像窗口,此时鼠标变形为一个带有小钩的补丁形状,使用其绘制一个区域将污点包围。

　　③ 将鼠标移动到上述②所绘制的区域中,当鼠标变形为 时,按住鼠标左键拖动该区域到无斑点处,如图 2-2-35(a)所示,则污点处就会被修补,如图 2-2-35(b)所示。

　　(4) 红眼工具。【红眼工具】可以在保留原有的明暗关系和质感的同时,将图像中人或者动物的红眼变成正常颜色。此工具也可以改变图像中任意位置的红色像素,使其变为黑色调。

　　【红眼工具】的属性面板如图 2-2-36 所示,其中两个属性的参数作用说明如下。

　　• 瞳孔大小:数值越大,修复后黑色部分越多,一般情况下使用默认设置。

(a)   (b)

图 2-2-35 【修补工具】修补图像的前、后示意图

· 变暗量：数值越大，变暗部分越多，一般情况下使用默认设置。

图 2-2-36 【红眼工具】的属性面板

红眼工具的操作方法非常简单，在工具箱中单击【红眼工具】 按钮，设置好属性以后，直接在图像中红眼部分单击鼠标即可。

图 2-2-37 图章工具组

二、图章工具组

图章工具组中包括【仿制图章工具】和【图案图章工具】，如图 2-2-37 所示。【仿制图章工具】可以从图像中取样，【图案图章工具】则可以在一个区域中填充指定的图案。

1. 仿制图章工具

使用【仿制图章工具】可以十分轻松地复制整个图像或图像的一部分。【仿制图章工具】的使用方法与【修复画笔工具】差不多，它也是一种同步工具，包括源指针和目标指针两部分。源指针初始指向要复制的部分；目标指针则可以将复制的部分在图像中另外一个地方绘制出来。在绘制的过程中两种指针保持着一定的联动关系，该工具仅仅是克隆源区域中的像素。单击工具箱中的【仿制图章工具】 按钮，此时该工具选项栏如图 2-2-38 所示，各选项的属性参数作用说明如下。

图 2-2-38 【仿制图章工具】的工具选项栏

· 不透明度：设置克隆后的像素的不透明度，该值越小越透明。

· 流量：设置画笔的绘制强度。

· 对齐：如果勾选此复选框，则在绘制的过程中，不管停顿多少次，最终绘制的还是一个整体的图像；如果不勾选此复选项，则一旦停笔后的每次绘制都是单独的。

· 样本：选择【所有图层】后，将从文档的所有图层对象中取样；如果选择【当前图层】，则只从当前图层的对象中取样。

在 Photoshop CS 4.0 中,可以利用【仿制源】调板对复制的图像进行缩放、旋转、位移等设置,还可以设置多个取样点。

2. 图案图章工具

使用【图案图章工具】,可以将预设的图案或自定义的图案复制到图像或者指定的区域中。其工具选项栏如图 2-2-39 所示,从中可以看出比【仿制图章工具】多了一个【印象派效果】的复选框,如果勾选了该复选框,则仿制后的图案以印象派绘画的效果显示。如图 2-2-40(a)所示,在图像上绘制一个指定的区域,单击【图案图章工具】,并设置如图 2-2-39 所示的工具选项栏,然后用鼠标在选区中拖曳复制填充图案,效果如图 2-2-40(b)所示。

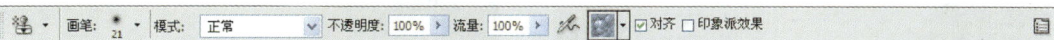

图 2-2-39　【图案图章工具】的工具选项栏

(a)　　　　　　　　　　　　　(b)

图 2-2-40　在指定的区域中复制填充图案

三、橡皮擦工具组

橡皮擦工具组中包括 3 种工具,分别是【橡皮擦工具】、【背景色橡皮擦工具】和【魔术橡皮擦工具】,如图 2-2-41 所示,它们都可以擦除图像中的某部分像素。

图 2-2-41　橡皮擦工具组

1. 橡皮擦工具

使用【橡皮擦工具】擦除像素后将自动使用背景来填充。其工具属性栏如图 2-2-42 所示,其中模式的设置有画笔、铅笔和块 3 种方式,通过不透明度可以设置笔触的透明程度。图2-2-43 所示的是分别使用画笔、铅笔和块 3 种方式在图像上擦除后的效果;图 2-2-44 所示的是用不同透明度的笔触擦除后的效果。

图 2-2-42 【橡皮擦工具】的工具属性栏

图 2-2-43　分别使用画笔、铅笔和块 3 种　　　　图 2-2-44　用不同透明度的笔触擦除后的效果
方式在图像上擦除的效果

2. 背景色橡皮擦工具

与橡皮擦工具不同的是,使用【背景色橡皮擦工具】擦除像素后不会使用背景来填充,而是将擦除像素的部分变成透明,同时也自动将背景层变为透明层。

【橡皮擦工具】的工具属性栏如图 2-2-45 所示,各选项属性参数作用说明如下。

图 2-2-45 【橡皮擦工具】的工具属性栏

- 限制:设置擦除的模式。有 3 种方式,分别是:
  - 不连续的:擦除任意区域的颜色。
  - 临近:擦除与取样色相连的颜色。
  - 查找边缘:擦除与取样色相连的颜色,但可以保留与取样色反差较大的边缘轮廓。
- 容差:设置擦除颜色的范围。该值越大,能被擦除的颜色范围就越大。
- 保护前景色:如果勾选此复选框,则橡皮擦不擦除与当前前景色颜色相同的像素点。
- 取样:设置取样的方式。
  - 连续:随着鼠标的移动,会在图像中连续取样,并不断根据取样擦除。
  - 一次:仅擦除与第一次按下鼠标左键取样的颜色相近的颜色。
  - 背景色板:仅擦除颜色与当前背景色相近的颜色。

使用【背景色橡皮擦工具】,可以在当图像前景与背景色存在的差异较大时,很好地擦除背景色。如图 2-2-46 所示,单击【背景色橡皮擦工具】按钮,工具属性栏设置为如图 2-2-

47所示,则擦除后的效果如图2-2-48所示。

注意 按【Shift】+【E】键可以在【橡皮擦工具】【背景橡皮擦工具】及【魔术橡皮擦工具】之间快速切换。

3. 魔术橡皮擦工具

【魔术橡皮擦工具】的功能相比其他两个擦除工具来说就显得更加智能化,相当于是【魔棒选择工具】与【背景色橡皮擦工具】的结合。

使用【魔术橡皮擦工具】,可以轻松地擦除与取样颜色相近的所有颜色,根据在其工具属性栏上设

图2-2-46 需要用橡皮擦修饰的图像

图2-2-47 【背景色橡皮擦工具】的工具属性栏设置

图2-2-48 擦除背景色后的图片

置的【容差】属性的大小来决定擦除颜色的范围,并将擦除后的区域变为透明。

四、模糊工具组

模糊工具组下包括【模糊工具】【锐化工具】以及【涂抹工具】这3种工具,如图2-2-49所示,这几种工具的操作方法都是按住鼠标左键在图像上拖动以产生效果,下面分别介绍。

1. 模糊工具

使用【模糊工具】,可以在图像中产生模糊

效果,如果在其工具属性栏上设置【画笔】的值较大,则模糊的范围就较广;如果设置【强度】的值较大,则模糊的效果就较明显。图2-2-50所示的是图像模糊前后的效果对比。

图2-2-49 模糊工具组

图2-2-50 图像模糊前后的效果对比

2. 锐化工具

使用【锐化工具】，可以在图像中产生清晰的图像效果，如果在其工具属性栏上设置【画笔】的值较大，则清晰的范围就较广；如果设置【强度】的值较大，则清晰的效果就较明显。图2-2-51 所示的是图像锐化前后的效果对比。

图 2-2-51　图像锐化前后的效果对比

3. 涂抹工具

使用【涂抹工具】，可以模拟在没有干的画纸上用手指涂抹油彩后的效果，将画面上的色彩融合在一起，产生和谐的效果。

如果在其工具属性栏上设置【画笔】的值较大，则涂抹的范围就较广；如果设置【强度】的值较大，则涂抹的效果就较明显。与之前两个工具不同的是，在【涂抹工具】的工具属性栏上多了一个【手指绘画】的复选框，如果勾选了此项，则用鼠标涂抹时是用前景色与图像中的颜色相融以产生涂抹后的笔触；如果不勾选此项，则涂抹过程中使用的颜色来自每次单击的开始之处。图 2-2-52 所示的是图像涂抹前后的效果对比。

图 2-2-52　图像涂抹前后的效果对比

五、色调工具组

色调工具组中包括【减淡工具】【加深工具】以及【海绵工具】这 3 种工具，如图 2-2-53 所

示。这 3 种工具都可以通过按住鼠标在图像上的拖动来改变图像的色调,下面分别介绍。

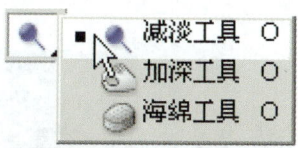

图 2-2-53　减淡工具组

1. 减淡工具

使用【减淡工具】,可以使图像或者图像中某区域内的像素变亮,但是色彩饱和度降低,效果如图 2-2-54 所示。

图 2-2-54　图像像素减淡前后的效果对比

2. 加深工具

使用【加深工具】,可以使图像或者图像中某区域内的像素变暗,但是色彩饱和度提高,效果如图 2-2-55 所示。

图 2-2-55　图像像素加深前后的效果对比

3. 海绵工具

使用【海绵工具】,可以精确地提高或者降低像素的色彩饱和度,其工具属性栏中有两种工作模式可供选择,分别是"加色"模式与"减色"模式。如果选择"加色"模式,则可以增加像素的色彩饱和度,使图像像素中的灰度色减少;如果选择"减色"模式,则将降低图像中相色的色彩饱和度,从而增加灰度色。图 2-2-56 所示的分别是图像原图、加色后的效果和减色后的效果对比。

图 2-2-56　分别使用【海绵工具】"加色"和"减色"模式后的效果对比

六、其他工具

1. 切片工具

切片工具主要是用来将大图片分解为几张小图片,这个功能用在网页设计中比较多,因为现在的网页图文并茂,也正因如此,打开一个网页所需要的时间就比较长,为了不让浏览网页的人等得太久,故而通常将大的图片切为几个小图片。切片工具组包括【切片工具】和【切片选择工具】,如图 2-2-57 所示。【切片工具】主要用来创建切片,【切片选择工具】用来拖移切片,以改变切片的大小和形状。

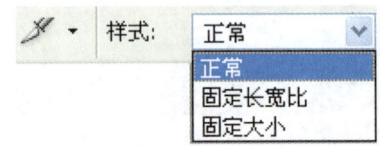

图 2-2-57　切片工具组　　　　　图 2-2-58　【切片工具】工具栏

【切片工具】的工具属性栏如图 2-2-58 所示,其中各选项属性参数作用说明如下。

* 正常:选择该项可以通过拖移确定切片比例。

图 2-2-59　在图片上创建切片

* 固定长宽比:选择该项可以设置高度与宽度的比例为固定。

* 固定大小:选择该项可以固定切片长度和高度。

【实例 2-9】　在图像中创建并保存切片。

① 打开素材图片,在工具箱中选择切片工具 ,在图片上根据需要拖动鼠标进行切割,将图片切成了 4 个小图片,如图 2-2-59 所示。当把这些文件放置到网页文件中用浏览器打开时,小图片会逐个显示,最终拼成大图片,以加快显示速度。

② 切片创建好后，要将其保存为专用的格式，才能在以后网页的制作过程中调用。选择菜单【文件】|【存储为 Web 所用格式】，在弹出的【存储为 Web 所用格式】对话框单击【存储】按钮，在【将优化结果存储为】对话框中设置存储的路径（新建一个文件夹"切片"单独保存），文件保存格式如图2-2-60所示，然后单击【保存】按钮。

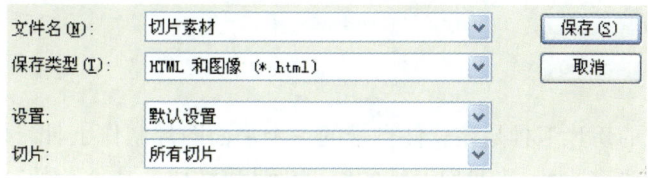

图 2-2-60　切片保存格式的设置

③ 保存好后，打开文件"切片"查看，会发现在保存文件下有 4 个形状与切割时对应的小图片以及保存着这 4 个小图片之间位置关系的分隔符文件，另外还有 1 个最终显示的页面文件，如图 2-2-61 所示。

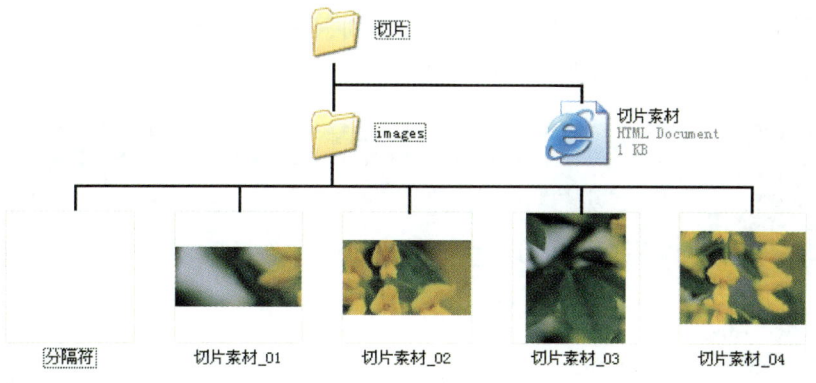

图 2-2-61　保存后的切片文件目录结构

2. 注释工具

使用 Photoshop 工具箱中提供的注释工具，可以为图片添加注释文本，其作用是在文件中写入一段文字注释内容，这样将文件交于其他人使用的时候，别人就会看到制作者所要交代的内容，也可以作为自己的备忘录。

注释工具包括文本注释和语音注释的功能，常用的是文本注释。

文本注释的创建非常简单，只需在工具箱中选择注释工具，然后在图片上单击鼠标后在文本框中输入文本就可以了。在图片文件被保存并重新打开后，只要用鼠标双击注释标签就可以看到文字框将以最后一次被编辑的位置和大小出现。

思考与练习

1. 修饰图像的工具有哪些？
2. 绘制图形的工具有哪些？

任务三　使用 Photoshop 制作网页效果图

任务描述

PhotoShop 中的切片工具是该软件自带的一个平面图片制作工具。切片工具是将一个完整的网页切割成许多小片,将我们设计的网页设计稿切成一片一片的,或一个表格一个表格的,这样我们可以对每一张进行单独优化,以便于网络上的上传、下载。可以做成网格的,然后可以用 dreamwaver 来进行细致的处理。

任务分析

使用 Photoshop 不但可以处理各类图像,还可以用来设计网页作品的效果图。本节以实例来介绍使用 Photoshop 进行网页效果图布局创意、颜色选择、裁剪效果图和制作网页特效等方面的技巧。如图 2-3-1 所示为网页效果图。

图 2-3-1　网页效果图

方法与步骤

1. 框架设计

(1) 在 Photoshop 中新建一个文档,尺寸为 980×830 像素,背景设置为透明色,如图 2-3-2所示。

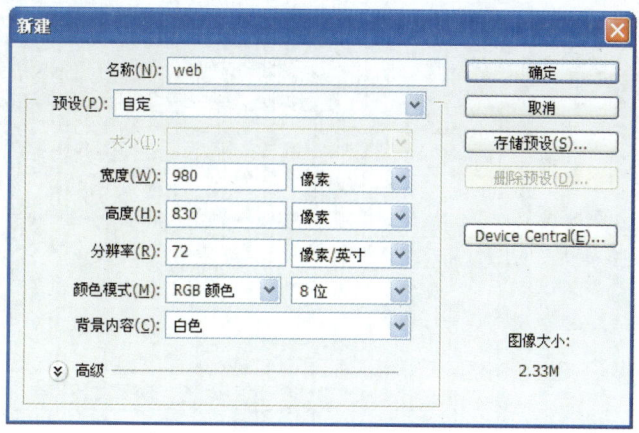

图 2-3-2　新建文档

（2）如果在 Photoshop 软件界面中，没有看到在画布周围的标尺，选择菜单【视图】|【标尺】，在画布的 4 个边，分别拖拽 4 条标尺线。在这 4 条线中间，将绘制我们的页面，如图 2-3-3 所示。

图 2-3-3　定位标尺

（3）选择圆角矩形工具，设置圆角半径为 10 像素，设置颜色为♯E0E0AC，在你的整个画布中拖拽一个圆角矩形。设置这个图层名字为"bj"。

（4）扩大画布。首先，按住【Ctrl】+【—】键缩小我们的画布视图，然后点击菜单【图像】|【画布大小】，设置参数，如图 2-3-5 所示。

（5）点击菜单【图像】|【画布大小】，设置参数，再次扩大画布，如图 2-3-6 所示。

（6）在图层面板中双击背景图层解锁，设置前景色为♯6C821C，用油漆桶填充背景，效果如图 2-3-7 所示。

2. 页面修饰

（1）新建一个图层，选择画笔工具，选择白色的软笔刷，直径为 300 像素，在画布顶端画

图 2-3-4　添加"bj"图层

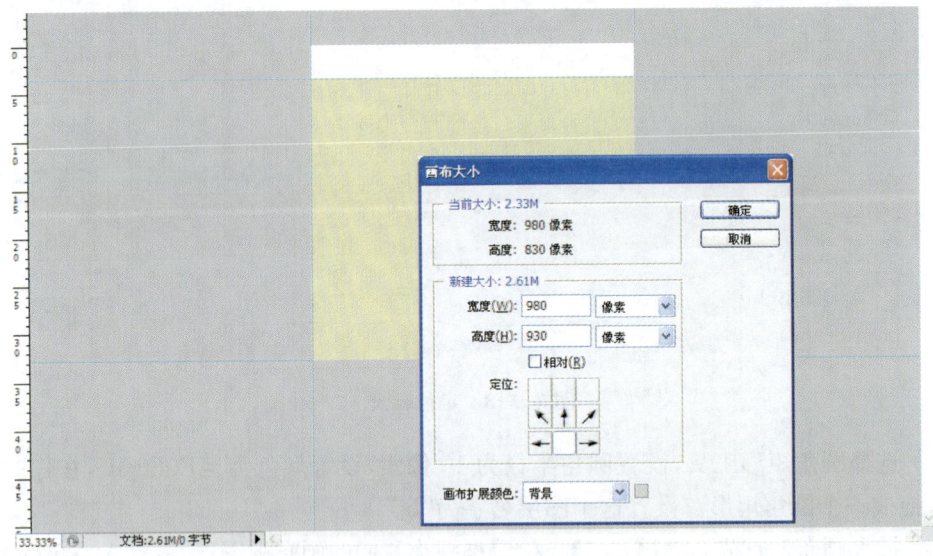

图 2-3-5　第一次扩展画布设置及效果

一条白线。

（2）设置这个图层的透明度为 50％，并命名该图层为"高光"，如图 2-3-8 所示。

（3）在"bj"图层上面新建图层，命名该图层为"杂色"，将工具面板中的前景色设置为白色，背景色设置为黑色，然后点击菜单【滤镜】|【渲染】|【云彩】添加滤镜效果，如图 2-3-9 所示。

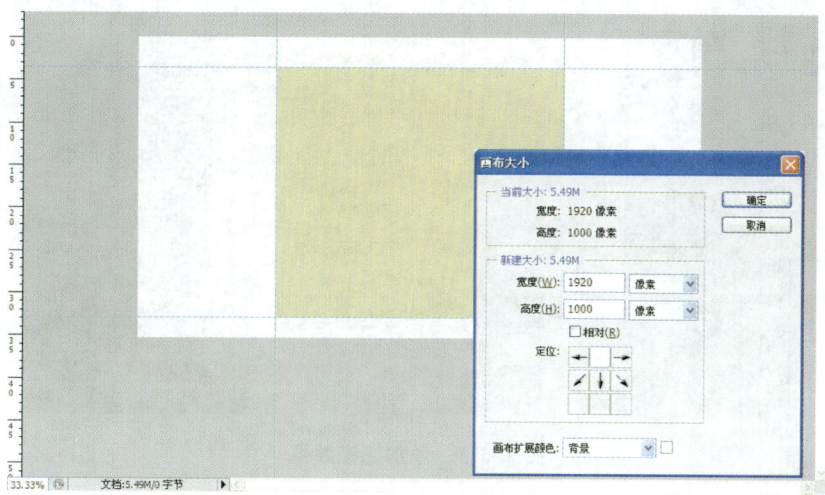

图 2-3-6 再次扩大画布设置及效果

图 2-3-7 填充背景图层

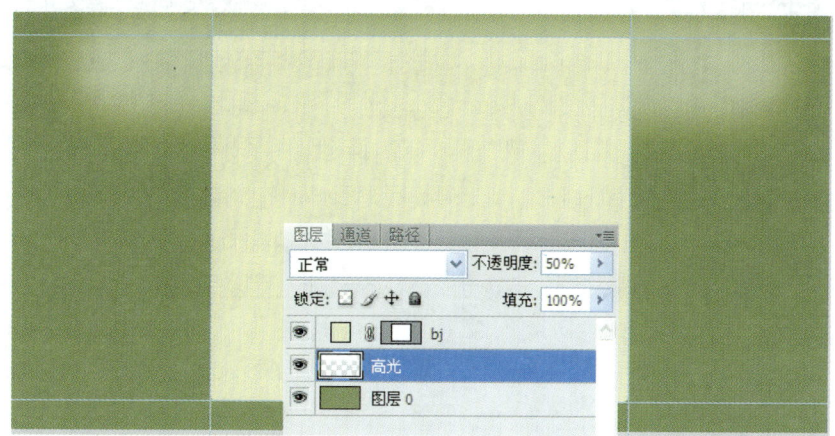

图 2-3-8 添加"高光"图层

（4）在图层面板上，右键单击该图层，在弹出的菜单中将该图层转换为智能对象，转换后的图层面板如图 2-3-10 所示。

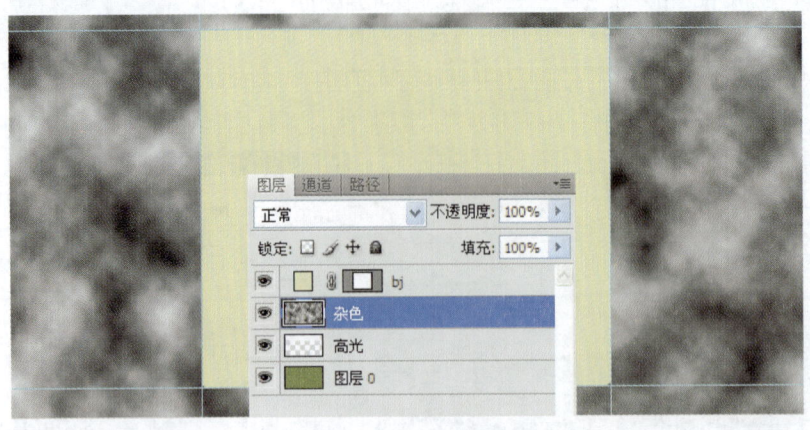

图 2-3-9　添加滤镜效果

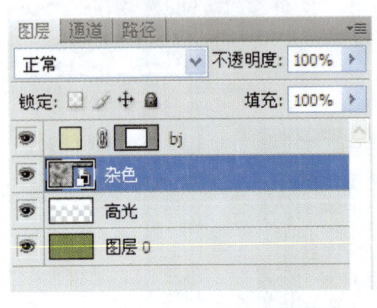

图 2-3-10　将图层转换为智能
对象后的图层面板

提示　在 Photoshop 中对普通图层进行旋转等变形处理后，图层画质会变差，但如果将图层转换为智能对象后就能保存原始信息，这样对智能对象进行无数次的变形之后也不用担心画质会有降低。可以说，对智能对象变形操作后图像质量几乎没有受到任何损失。

（5）保持图层"杂色"仍处于选定状态，点击菜单【滤镜】|【模糊】|【动感模糊】，根据图 2-3-11 所示，进行参数设定，然后再点击菜单【滤镜】|【锐化】|【锐化】，添加锐化效果。

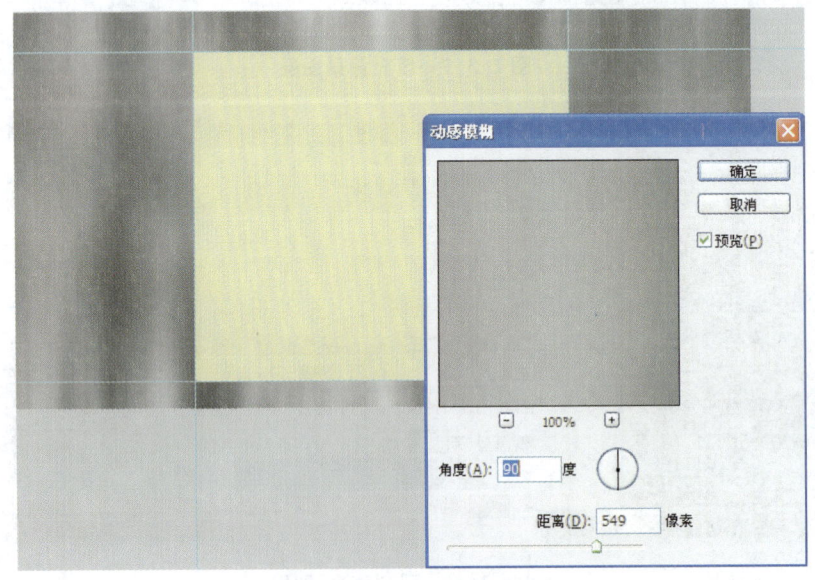

图 2-3-11　设置动感模糊

（6）继续选中"杂色"图层，点击菜单【图层】|【图层蒙版】|【显示全部】，为该图层添加

蒙版。

（7）从工具箱中选择渐变工具，由画布的中间向顶端拖拽一个由黑色到透明的渐变，并双击该图层，设置图层样式混合模式为叠加，并设置图层不透明度为60％，效果如图2-3-12所示。

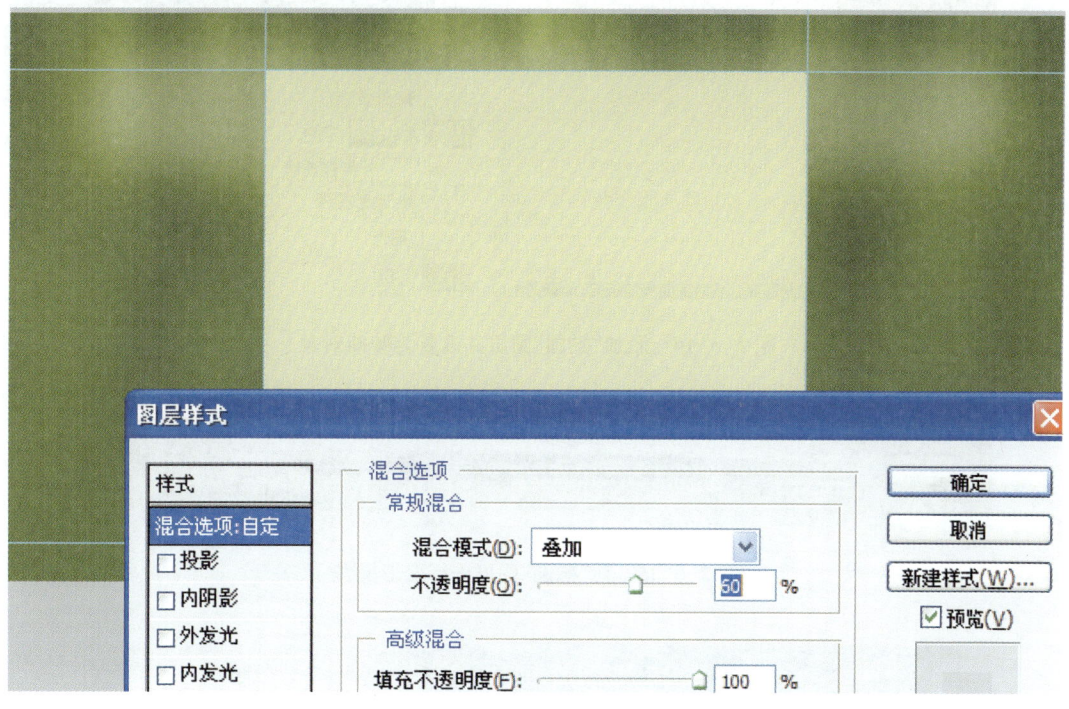

图 2-3-12　设置图层样式

（8）双击"bj"图层，打开图层属性面板，根据图2-3-13所示进行外发光的参数设定。

（9）新建图层并将其命名为"椭圆"，设置前景色为♯2A2009，选择【硬边画笔工具】，设置画笔直径为25像素，在圆角矩形的下边缘画一个圆，在图层面板中右键单击该图层，设置图层为智能对象，如图2-3-14所示。

（10）确认"椭圆"图层处于选中状态，点击菜单【编辑】|【自由变换】设置变形效果如图2-3-15所示。再点击菜单【滤镜】|【模糊】|【高斯模糊】，按照图2-3-16所示设置模糊效果。最后，设置该图层的渲染模式为正片叠底，不透明度为70％，并把这个"椭圆"图层移位到"bj"图层的上面，如图2-3-17所示。

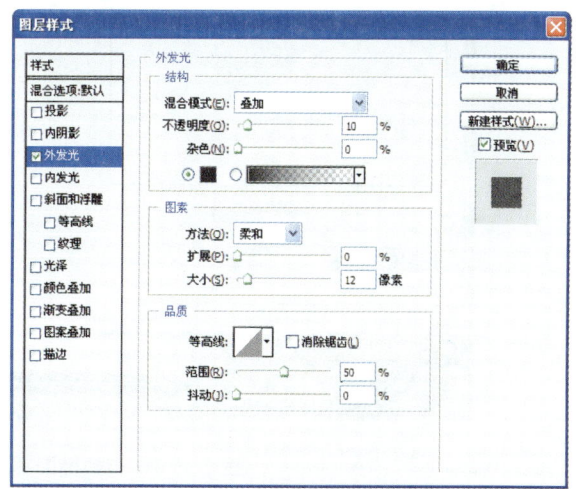

图 2-3-13　外发光的参数设定

图 2-3-14　添加"椭圆"图层并设置为智能对象

图 2-3-15　对"椭圆"图层进行变形操作

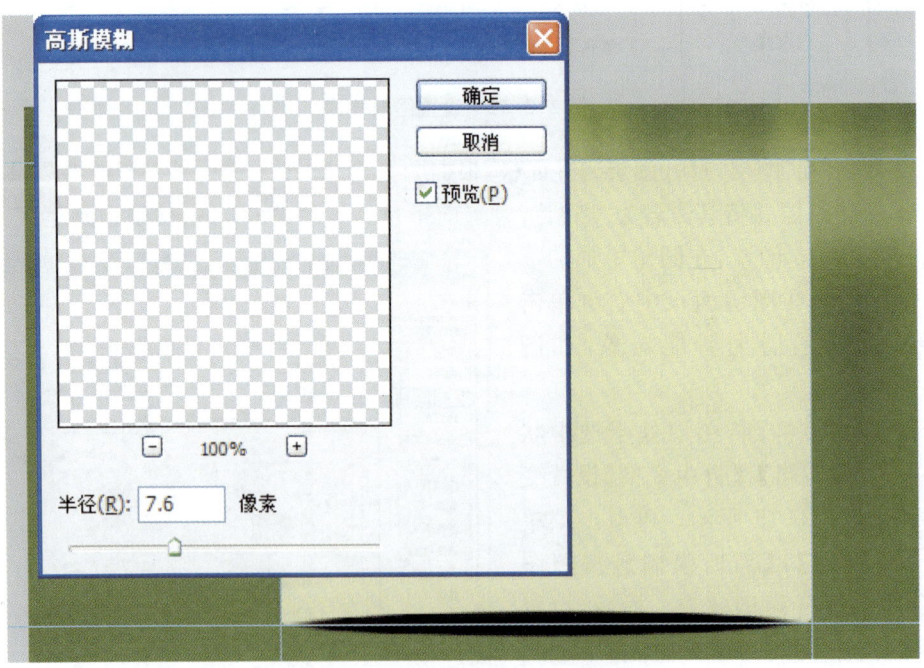

图 2-3-16　对"椭圆"图层设置模糊效果

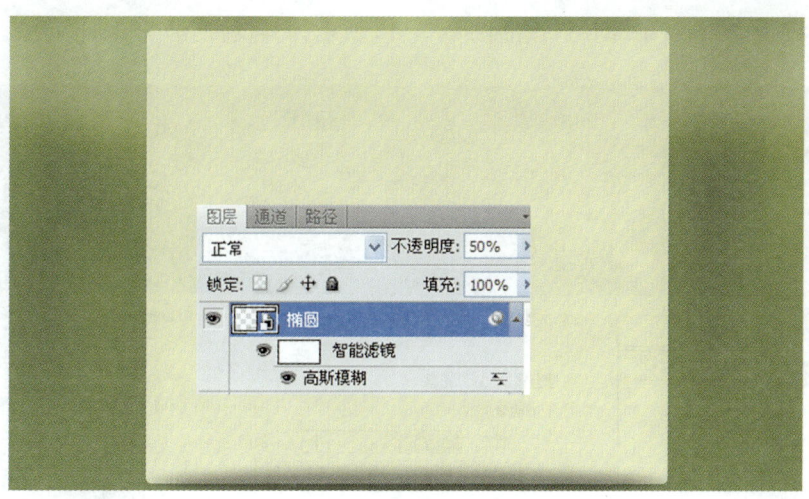

图 2-3-17　"椭圆"图层最终效果

3. 创建导航条

（1）新建图层并命名为"导航条"。选择矩形工具，设置前景色为"♯D8D8A5"，在之前创建的那个大的圆角矩形中，创建一个高为 60 像素的矩形如图 2-3-18 所示；双击图层"导航条"，打开图层属性面板，按照图 2-3-18 所示设置参数为该图层添加"斜面和浮雕"特效。

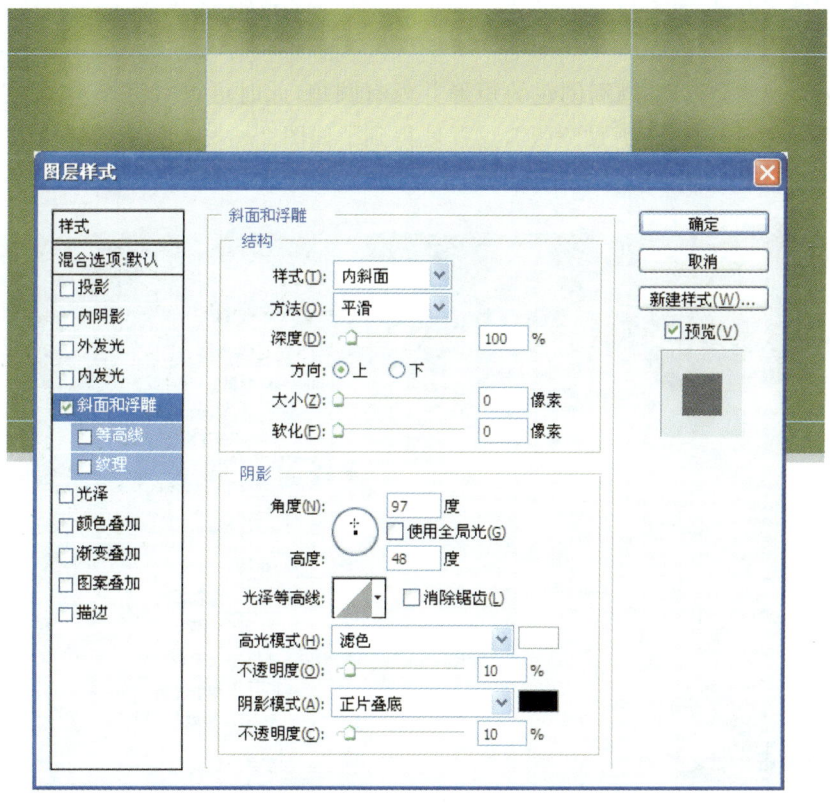

图 2-3-18　添加斜面和浮雕效果

（2）继续选中"导航条"图层，按照图 2-3-19 所示为其设置"渐变叠加"特效。

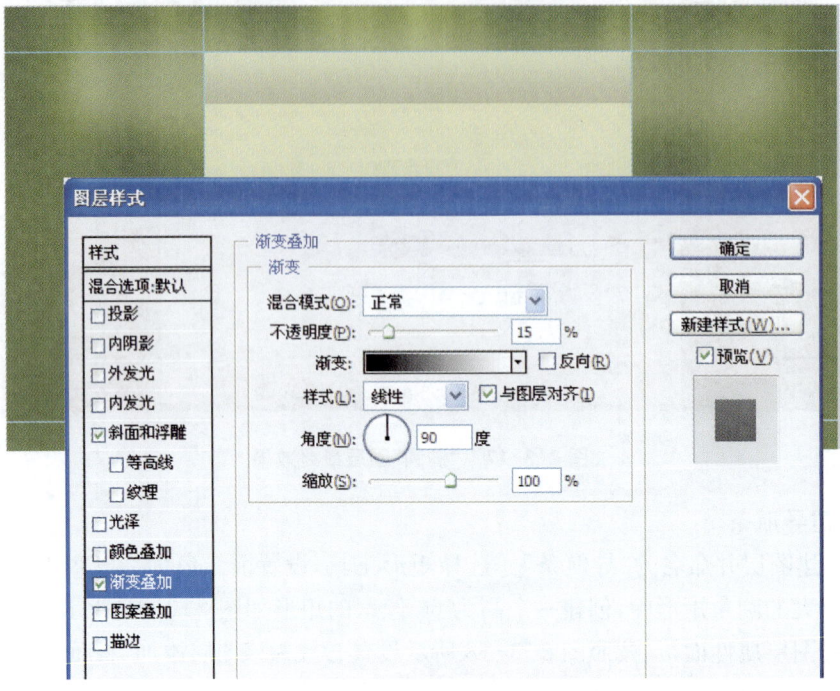

图 2-3-19　设置"渐变叠加"特效

（3）细心观察会发现，刚刚创建的矩形并没有圆角，此时可以右键点击图层"导航条"，在弹出的菜单中选择"创建剪贴蒙版"，这样就得到了如图 2-3-20 所示的圆角效果，且在图层面板中也有变化如图 2-3-20 所示。

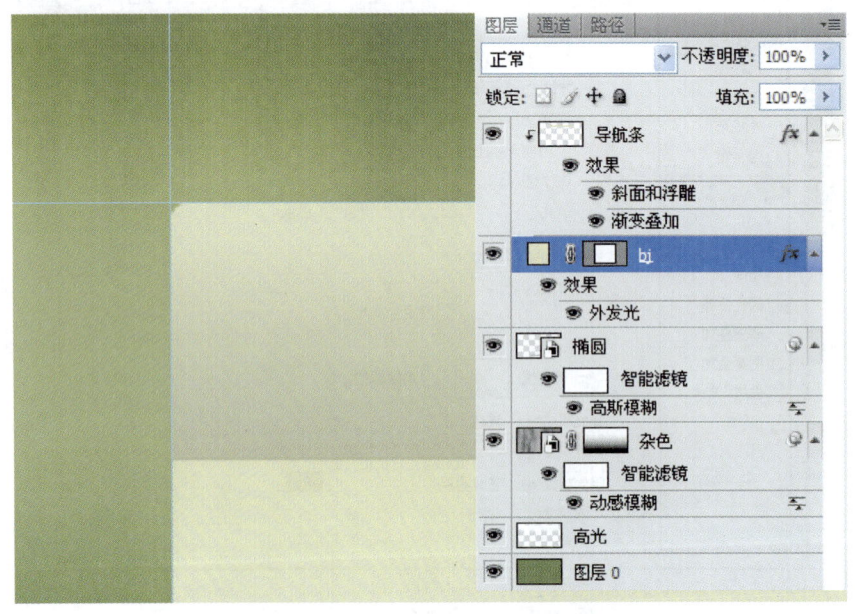

图 2-3-20　通过"剪贴蒙版"创建圆角效果

提示 "剪贴蒙版"是利用图层与图层之间相互覆盖而产生的一种蒙版,产生剪贴蒙版的两个图层必须相邻,位于下方的图层起蒙版的作用,位于上方的图层以下方图层为蒙版,在视觉上显示为下方图层的形状和上方图层的内容。

(4)新建图层并命名为"按钮"。在工具箱中选择矩形工具,设置前景色为"♯A6A43F",创建矩形如图 2-3-21 所示,设置该图层的不透明度为 50%,并利用前面学过的方法向下设置"剪贴蒙版",效果如图 2-3-21 所示。

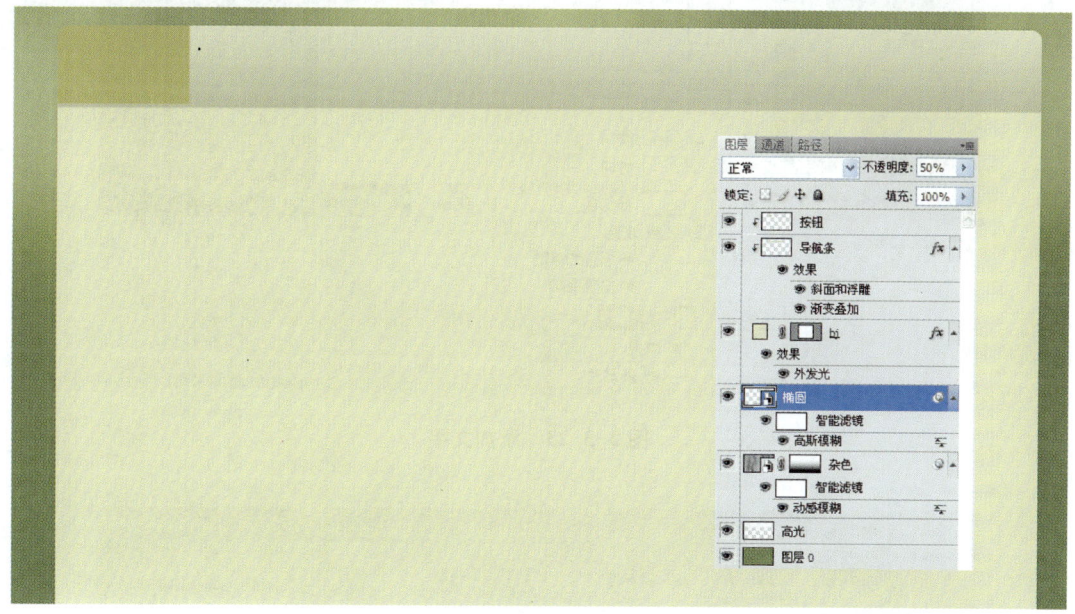

图 2-3-21 将"按钮"图层设置为"剪贴蒙版"

(5)按住【Ctrl】键同时选中"按钮""导航条""bj"3 个图层,然后使用快捷方式【Ctrl】+【G】键将这 3 个图层设置为一个群组。设置这个群组名为"bj & 导航条",如图 2-3-22所示。

(6)选择文字工具,设置前景色为♯ 767427,在"导航条"上添加文字如图 2-3-23 所示,字体及大小可自选。

4. 添加页面内容

(1)新建图层并命名这个图层为"main1",选择圆角矩形工具,设置圆角半径 8 像素,前景色为♯d5d599,创建一个圆角矩形并设置图层的不透明度为 50%。

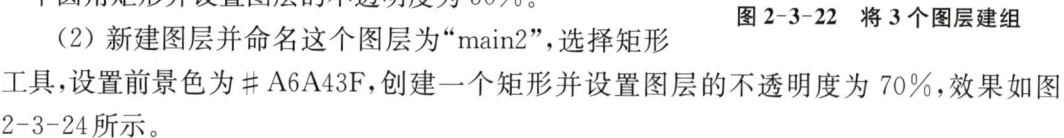

图 2-3-22 将 3 个图层建组

(2)新建图层并命名这个图层为"main2",选择矩形工具,设置前景色为♯A6A43F,创建一个矩形并设置图层的不透明度为 70%,效果如图 2-3-24 所示。

(3)在"main1"导入主页 Logo,并在"main2"下方添加文字如图 2-3-1 所示。

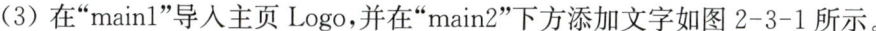

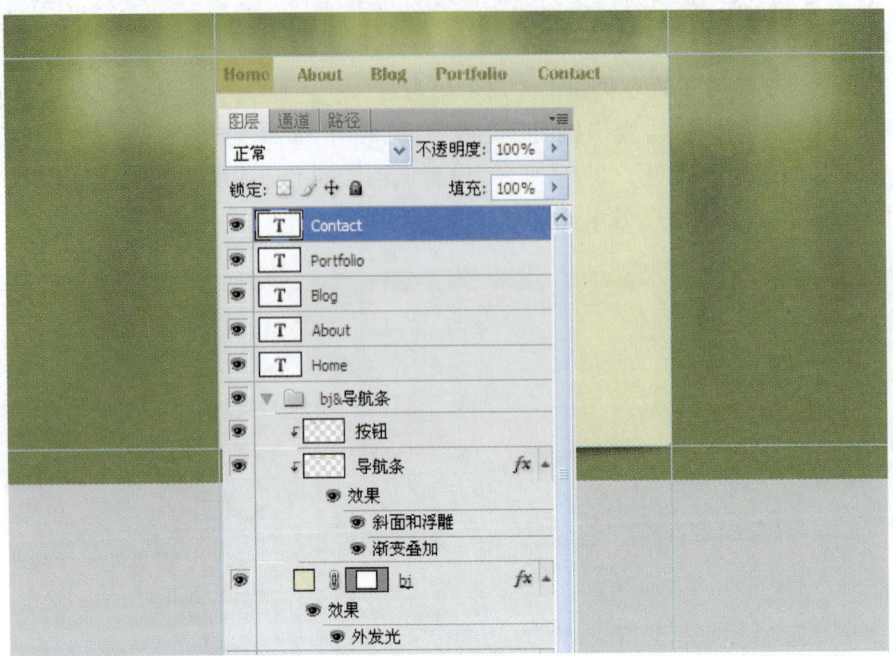

图 2-3-23　添加文字

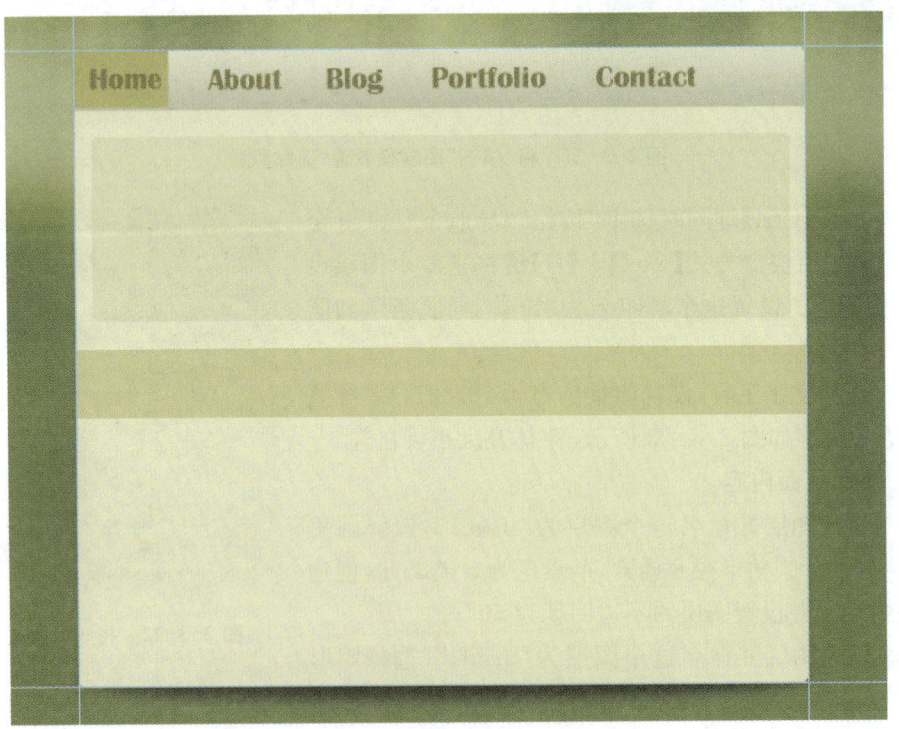

图 2-3-24　添加"main1"和"main2"图层

拓展和提高

一、切片类型

切片按照其内容类型(自动、图像、无图像)以及创建方式(用户、基于图层、自动)进行分类。

使用切片工具创建的切片称为用户切片;通过图层创建的切片称为基于图层的切片。创建新的用户切片或基于图层的切片时,将会生成附加自动切片来占据图像的其余区域。换句话说,自动切片填充图像中用户切片或基于图层的切片未定义的空间。每次添加(或编辑)用户切片或基于图层的切片时,都会重新生成自动切片。可以将自动切片转换为用户切片。

用户切片、基于图层的切片和自动切片的外观不同——用户切片和基于图层的切片由实线定义,而自动切片由虚线定义。此外,用户切片和基于图层的切片显示为不同的图标。可以选取显示或隐藏自动切片,这样可以更容易地查看使用用户切片和基于图层的切片的作品。

子切片是创建重叠切片时生成的一种自动切片类型。子切片指示存储优化的文件时如何划分图像。尽管子切片有编号并显示切片标记,但无法独立于底层切片选择或编辑子切片。每次排列切片的堆叠顺序时都会重新生成子切片。

二、切片功能

(1) 使用切片是最简单的网页布局方法。你只要想你的网页要做成什么样子,把你所想的画出来就行了!

(2) 使用切片可以有效地减小页面文件的大小,提高浏览者浏览页面的速度。

思考与练习

简述切片在网页制作过程中的作用。

项目实训　　使用切片布局网页

【项目描述】

掌握切片功能。

【项目要求】

利用已经设计好的网页布局图,制作成网页文件。

【项目提示】

在写策划书之前请先明确网站服务宗旨。

【项目评价】

项目评价详见表 2-1、表 2-2 所示。

表 2-1 项目实训评价表

	内　容		评　价		
	学习目标	评价项目	3	2	1
职业能力	掌握切片目的	切片分割			
		切片保存			
	正确制作网页	站点建设			
		插入图片			
		插入动画			
		设置超级链接			
		正常浏览			
通用能力		创新能力			
		团队合作能力			
综合评价					

表 2-2 评价等级说明表

等　级	说　明
3	能高质、高效地完成此学习目标的全部内容,并能解决遇到的特殊问题
2	能高质、高效地完成此学习目标的全部内容
1	能圆满地完成此学习目标的全部内容,不需任何帮助和指导

单元三
网站制作入门

　　一个网页一般包含网页的外观、表体、内容、图片、动画、声音和视频等元素以及主页与其他网页的链接方式等。设计者应该从网站的浏览者、网站要传达的信息以及网站的发展目标考虑，设计出最合适最美观的网页。

　　单元主要任务：建立和管理站点、新建文档与对象，并根据网站要求制作超级链接，学会使用表格来布局网页内容、建立表单网页等。

单元内容提示

- 建立和管理站点
- 文本和图像网页制作
- 网页的超级链接
- 网页的布局——表格
- 表单网页

任务一　建立和管理站点

任务描述

地理课上，为了使同学对世界名胜有更直观、更清晰的认识，老师打算制作世界名胜站点"名胜家园"，其中包含一些世界著名的建筑和风景介绍。每个景点显示一些说明文字和优美的图片、视频等。通过站点视觉地图能完成对站点文件的删除、重命名、修改网页标题、检查链接等。

任务分析

本站是介绍世界名胜的页面，以面向学生为主，所以注意采用简约风格、亮丽明快的颜色。

分析网站的性质，设计主页布局、子链接页面等，首页以罗列名胜为主，子页面以各个世界名胜的情况介绍为主。

方法与步骤

（1）在 D 盘根目录下新建一个名为 mysitelx 文件夹，作为站点文件存放的目录。并且在 mysitelx 文件夹下建立二级文件夹 images、files 和 other，分别作为网页图片、网页文件、Flash 和音乐文件存放的目录，如图 3-1-1 所示。

（2）打开 Dreamweaver，在起始页中建立站点 mysitelx，并指定站点文件的目录，如图3-1-2所示。

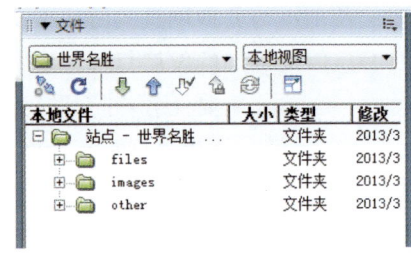

图 3-1-1　建立目录

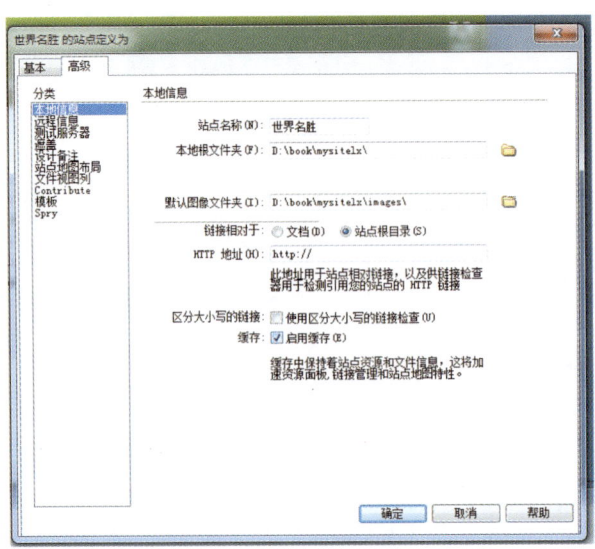

图 3-1-2　指定站点目录

（3）新建网页,输入文字,并设置文字大小和对齐方式。

（4）插入背景图片及插图。

（5）打开代码视图,在 body 标签处添加:〈bgsound src ="other/111. mid"〉。

（6）重复步骤(3)～(5),制作各个风景的分页,在分页的 body 标签处添加:〈bgsound src ="other/111. mid"〉。

（7）在分页中插入 Flash。

（8）制作网页间的文字链接。

（9）打开站点视觉地图,对站点中的网页文件修改名字(名字可以自定),修改网页标题,如图 3-1-3 所示。

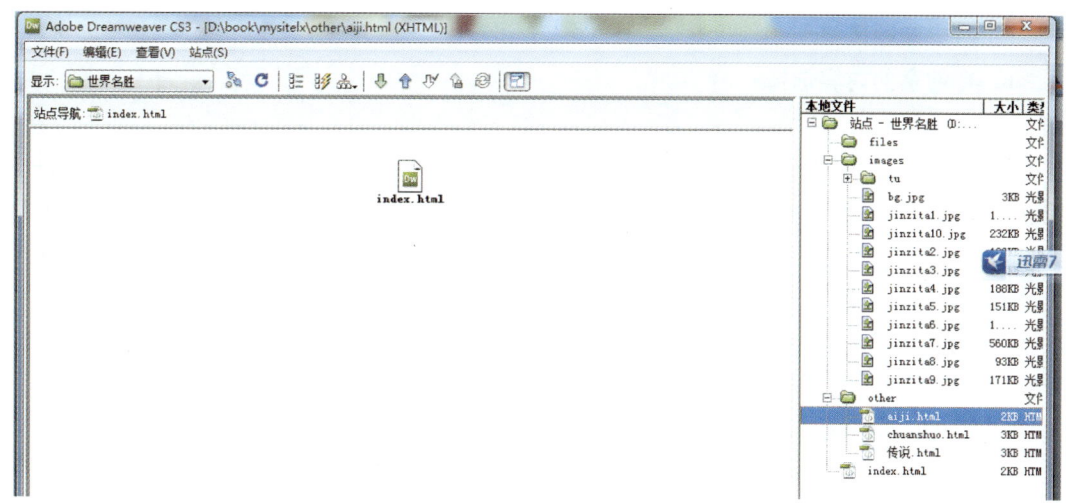

图 3-1-3 站点视觉地图

相关知识与技能

一、站点设计流程

要设计一个好的网站并不是一件轻而易举的事,这需要事先做好比较充分的准备工作。如果前期准备工作做得充分,那么在具体创建站点、制作网页时往往会达到事半功倍的效果。

一般来说,创建站点包括以下几个步骤。

1. 确定站点主题

创建站点首先必须解决的就是站点内容问题,即确定站点的主题。对于内容主题的选择,要做到小而精,主题定位要小,内容要精。不要试图制作一个包罗万象的站点,这往往会失去网站的特色,也会带来高强度的劳动,给网站的及时更新带来困难。

2. 选择好域名

域名是网站在互联网上的名字。一个纯信息服务网站,其所有建设的价值都凝结在其网站域名之上。

3. 掌握建网工具

网络技术的发展带动了软件业的发展，所以用于制作 Web 页面的工具软件也越来越丰富。

4. 确定网站界面

界面就是网站给浏览者的第一印象，它往往决定着网站的可看性，在确定网站的界面时需要注意以下两点：

（1）栏目与板块编辑。列出提纲、明确主题、仔细考虑、合理安排。

（2）进行形象设计。设计网络标志（Logo）、设计网站色彩、设计网站字体、设计网站宣传标语。

5. 确定网站风格

6. 有创意的内容选择

二、规划站点结构

站点制作前必须要很好地规划站点结构，这样为以后的制作、维护和更新等工作提供了便利。要建立一个层次结构分明的站点，通常是在本地磁盘上创建一个文件夹，该文件夹称为"根目录"。在该文件夹中存放站点中的所有资料，如可以在根目录下分门别类地建立子文件夹，存放图像、动画、网页等文件。由于 Dreamweaver 可以将某一本地文件夹作为根目录，定义为新站点。因此，在以后的操作中可以通过 Dreamweaver 对站点中的文件进行管理。

在组织站点结构时，需要注意以下 3 点：

（1）将站点内容分门别类，即将相关页面放置在同一文件夹内。

（2）单独放置图像、声音或其他多媒体文件，即将所有图像、声音或其他多媒体文件放在独立的文件夹内。

（3）对本地站点和远程站点使用相同的结构，即在创建并测试完站点后，将所有文件都上传到远程站点，把本地结构完整地复制到远程站点上。

三、常见的站点结构

建立站点结构时需要仔细安排，要注意以下几点：

（1）不要将所有文件都存放在根目录下。

（2）按栏目内容建立子目录。子目录的建立，首先按主栏目建立。友情链接内容较多，需要经常更新的可以建立独立的子目录。而一些相关性强，不需要经常更新的栏目，如网站简介、站点情况等可以合并放在一个统一目录下。所有程序一般都存放在特定目录下。所有提供下载的内容最好也放在一个目录下，便于维护管理。

（3）在每个目录下都建立独立的 Images 目录。一般来说，一个站点根目录下都有一个默认的 Images 目录，将所有图片都存放在这个目录中是很不方便的，如在栏目删除时，图片的管理相当麻烦。所以为每个主栏目建立一个独立的 Images 目录的原因很简单，就是方便维护与管理。

其他需要注意的还有：目录的层次不要太深，一般不要超过 3 层；不要使用中文目录，使用中文目录可能对网址的正确显示造成困难；不要使用过长的目录名，太长的目录名不便于记忆，尽量使用意义明确的目录名，以便于记忆和管理。

拓展和提高

一、站点管理功能

Dreamweaver 包含许多站点管理功能，如建立站点、查看网址地图、管理远程网站文件、检查链接等。这些操作将对网站中文档的建立及编辑提供便利。

在 Dreamweaver 中可以对远程服务器上的文件进行登记和验证，防止他人在同一时间内使用相同文件。但要注意的是，Dreamweaver 不会执行版本控制，不会删除在本地根目录上已不存在的远程文件或文件夹。

二、站点视觉地图

一个站点存储了网站内所有文件，除了网页文档外，还包括网页文档中所用到的其他元素，如图片文件、Flash、视频文件、音频文件等。当网站具备一定规模时，文件的数量将会很多，其间的链接更是数不胜数。如果使用常规方法对其中的文件进行改名，或者更改目录名，由于这些文件可能是某些超级链接所链接的对象，那么有可能导致某些链接找不到相应的链接对象。然而，利用站点视觉地图，站点中的文件便一目了然，站点管理也能方便进行。

要编辑站点视觉地图，可以选择如下按钮编辑，如图 3-1-4 所示，各按钮功能说明如下。

图 3-1-4 视图工具栏

🔗：连接到远端主机按钮，单击将出现定义站点对话框。

🔄：刷新按钮，刷新文件。

⬇：获取文件按钮，从远处服务器上获取文件下载到站点内。

⬆：上传文件按钮，从站点内上传文件到远处服务器内。

⬇：取出文件按钮，从站点服务器内取出文件到本地站点。

🔒：存回文件按钮，从本地站点内存回文件到站点服务器内上。

🔲：扩展/折叠按钮，扩展站内视觉地图，使之展开成单独界面，方便操作。

思考与练习

1. 站点设计的流程包括哪些内容？

2. 如何规划站点结构？

任务二　文本和图像网页制作

任务描述

"埃及金字塔"网页是"世界名胜"网站中的一个网页。将鼠标指针移到左起第一幅"埃及金字塔"之上时,会自动显示文字,"这是一幅埃及金字塔图像"文字。单击该图像,会打开埃及金字塔传说的网页,如图 3-2-1 所示。

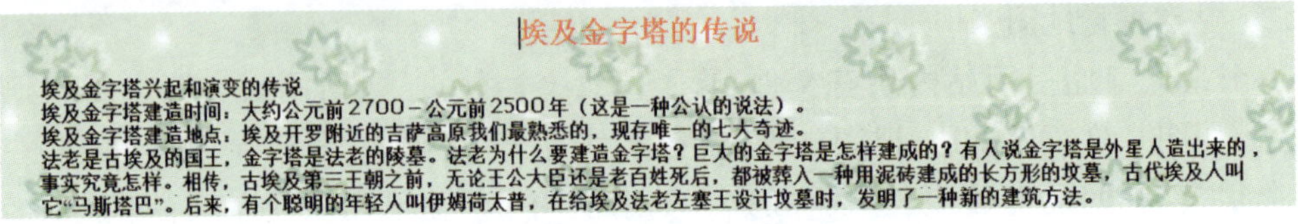

埃及金字塔的传说

埃及金字塔兴起和演变的传说

埃及金字塔建造时间,大约公元前2700－公元前2500年(这是一种公认的说法)。

埃及金字塔建造地点,埃及开罗附近的吉萨高原我们最熟悉的,现存唯一的七大奇迹。

法老是古埃及的国王,金字塔是法老的陵墓。法老为什么要建造金字塔?巨大的金字塔是怎样建成的?有人说金字塔是外星人造出来的,事实究竟怎样。相传,古埃及第三王朝之前,无论王公大臣还是老百姓死后,都被葬入一种用泥砖建成的长方形的坟墓,古代埃及人叫它"马斯塔巴"。后来,有个聪明的年轻人叫伊姆荷太普,在给埃及法老左塞王设计坟墓时,发明了一种新的建筑方法。

图 3-2-1　"埃及金字塔的传说"网页显示效果

任务分析

"埃及金字塔"网页应具有大量的埃及金字塔图片和相应的文字说明。将页面标题设置为"埃及金字塔"。同时,还应该注意文本内容与图片内容的格式设置、图像的属性操作设置等,完成对页面进行简单的图文混排设计。为了使页面美观,可以给页面加上背景图像。"埃及金字塔网页"的参考显示效果如图 3-2-2 所示。

埃 及 金 字 塔

埃及金字塔:

金字塔是古代埃及国王为自己修建的陵墓。埃及的吉札金字塔被誉为古代世界七大奇迹之一。在埃及的大小金字塔,绝大多数都是建筑于埃及第三到第六王朝。这些有4000多年历史的金字塔主要分布在首都开罗及尼罗河上游西岸吉萨等地。吉札金字塔左边属于卡夫拉王,右边属于库夫王,附近连着一座狮身人面像,主要建材为石灰岩,部分为花岗岩。

埃及共发现金字塔八十座。其中最壮观的一座金字塔是在公元前2600年左右建成的吉札金字塔,全部都是由人工建成。

埃及金字塔

芸芸的金字塔中,以基沙的三大金字塔最为闻名于世。包括古夫王(Khufu)、卡夫拉王(Khafre)及孟卡拉王(Menkaure)三座最为宏伟及完整的。

图 3-2-2　"埃及金字塔"网页显示效果

方法与步骤

（1）在 Dreamweaver 窗口中，单击【属性】/【页面属性】命令，设置纹理图像"bg. jpg"作为网页的背景图像。将该网页保存在文件夹"other"内，名称为"aiji. html"。

（2）在网页中输入"埃及金字塔"标题文字和段落文字。"埃及金字塔"标题文字采用标题1格式、红色、居中，段落文字采用段落格式、蓝色、18磅。

（3）将光标定位在第一段文字的下边，单击【插入】|【图像】，弹出【选择图像源文件】对话框中"images"文件夹内的"jinzita1.jpg"图像文件，在【选择图像源文件】对话框内的【相对于】下拉列表框内选择【文档】选项，在【URL】文本框内会给出该图像文件的相对于当前网页文档的路径和文件名"images/jinzita1.jpg"，如图 3-2-3 所示。

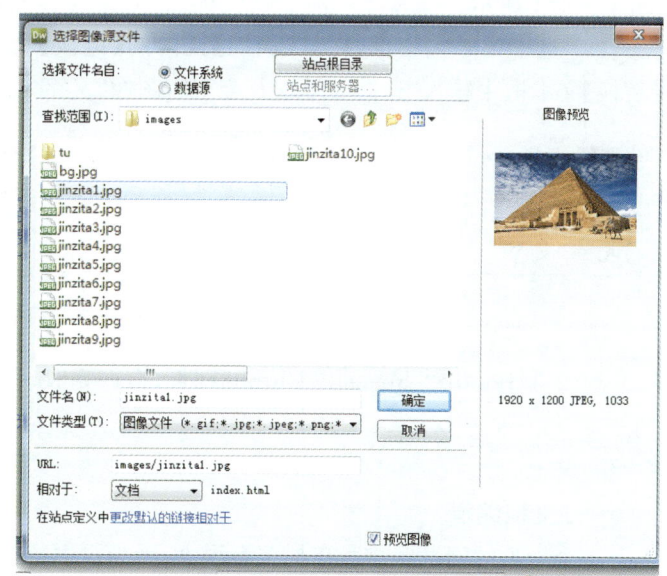

（4）按照上述方法再插入"images"文件夹内的"jinzita2.jpg""jinzita3. jpg"和"jinzita4.jpg"3幅图像。选中第一幅图像，在其【属性】栏内的【高】和【宽】文本框中分别输入120和180，将选中的图像像素调整为高 120、宽 180。

图 3-2-3 【选择图像源文件】对话框

（5）按照上述方法，调整其他3幅图像，使其高度均为120像素，宽度均为180像素。此时，网页中的图像效果如图 3-2-4 所示。

图 3-2-4

（6）将光标定位在第一幅图像的右边，加载一幅"images/beijing1. jpg"图像（即背景图像）。在其属性栏内的【高】和【宽】文本框中分别输入120和30，其目的是在第一幅和第二幅图像之间插入一些空隙，使两幅图像有一定的间距。

（7）按住【Ctrl】键并拖动背景图像到第二、第三幅图像之间，复制背景图像到第二幅图像和第三幅图像之间，再在第三幅图像和第四幅图像之间复制背景图像，如图 3-2-5 所示。

图 3-2-5　复制完成的图像

（8）在四幅图像的下边，输入文字"埃及金字塔"，采用段落格式、红色、居中、18 磅大小，如图 3-2-1 所示。

（9）选中第一幅图像，在其【属性】栏内的【链接】文本框中输入"chuanshuo. html"，在【替换】文本框中输入"这是一幅埃及金字塔图像"文字，如图 3-2-6 所示。

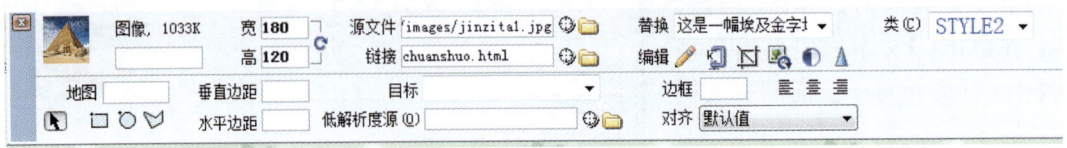

图 3-2-6　属性控制面板

（10）制作一个"chuanshuo. html"网页，自行完成，该网页保存在"other"文件夹内。

相关知识与技能

一、文档编辑
一个精美的网页跟排版布局关系很大，因为页面的排版是网页给人的第一印象。

1. 插入换行符
我们知道使用键盘的【回车】可以换行，但同时也就结束了一个段落。

如果我们既要换行又要处在同一个段落中，就必须使用换行符。

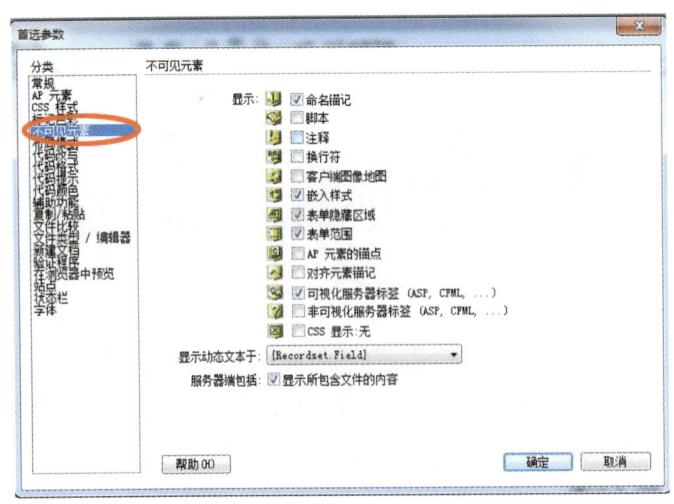

图 3-2-7　不可见元素的设置

将光标移动到要换行的字符处，按下【Shift】+【Enter】键，文档在同一个段落中换行，同时出现了换行符的符号。

插入换行符后设计视图中出现了黄色的换行符符号，它只在设计视图中出现，浏览网页的时候是不可见的，因此它是不可见元素之一。是否让不可见元素在设计中出现是可以设置的，如图 3-2-7 所示。

在显示栏中选中的符号将在设计视图中显示；反之，则不显示。

同样,关于汉字顶格的问题,可能无法在段落的开头连续输入空格,那么请在【首选参数】对话框中选中【常规】分类,然后在【编辑】选项中选中【允许多个连续的空格】即可。

2. 设置页边距

视图设计中文本的上下左右都有一定的边距,这是因为 Dreamweaver 默认的文档的上下左右边距并非为零,选择【修改菜单】的【页面属性】命令,打开其对话框可以对边距进行修改。如图 3-2-8 所示。

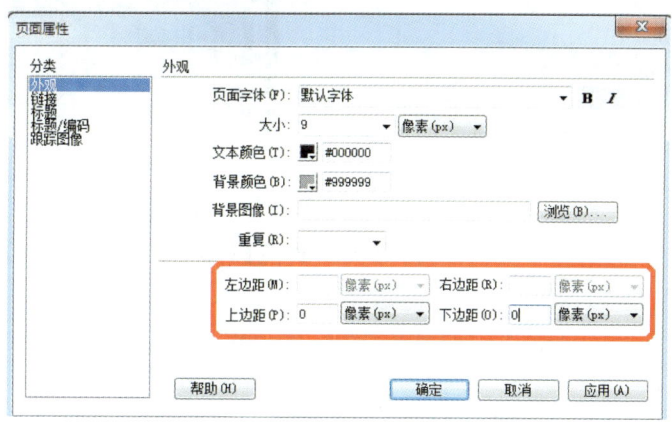

图 3-2-8　页边距的设置

3. 设置文字大小

鼠标选中欲改变大小的文字,然后点击【属性】面板中的字体大小下拉菜单设置即可。

4. 改变字体

鼠标选中欲改变字体的文字,然后点击【属性】面板中的字体下拉菜单设置即可。

5. 改变字体组合

点击【属性】面板【字体】的下拉菜单,选中【编辑字体列表】,如图 3-2-9 所示。

打开字体列表对话框,如图 3-2-10 所示。

图 3-2-9　字体组合

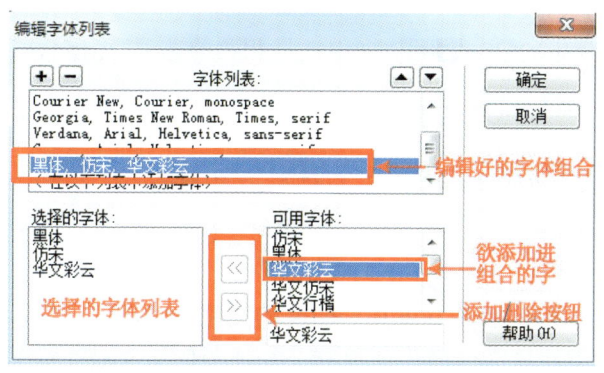

图 3-2-10　字体列表对话框

尽管我们可以在 Dreamweaver MX 2004 中设定字体,但我们电脑中安装的字体,在用户的电脑中不一定安装,最终字体的显示取决于访问者的浏览器。

在浏览器中默认是按照顺序读取字体组合的字体,一种没有就用第二种显示。以此类推,尽管有了这个保护,如果我们采用了非常少见的字体,不仅无法按照我们的设计显示,还有可能造成浏览器发生显示错误。

Windows 系统中默认的中文字体是宋体、仿宋体_GB2312、楷体_GB2312、黑体。

6. 改变文本颜色

（1）修改文本颜色。用鼠标选中欲修改的文本，然后在属性面板中选择【颜色】，打开调色板选择颜色即可。如图3-2-11所示。

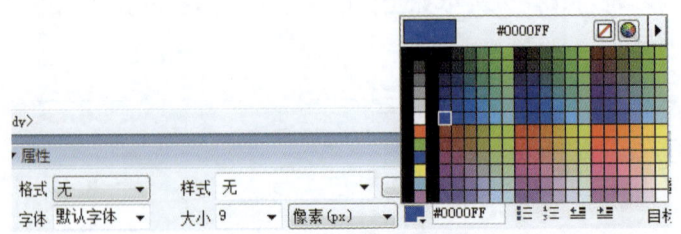

图 3-2-11　文本颜色设置

（2）改变整个页面的文本颜色。打开【页面属性】对话框，选中【外观】|【文本颜色】，打开调色板选中颜色即可。如图3-2-12所示。

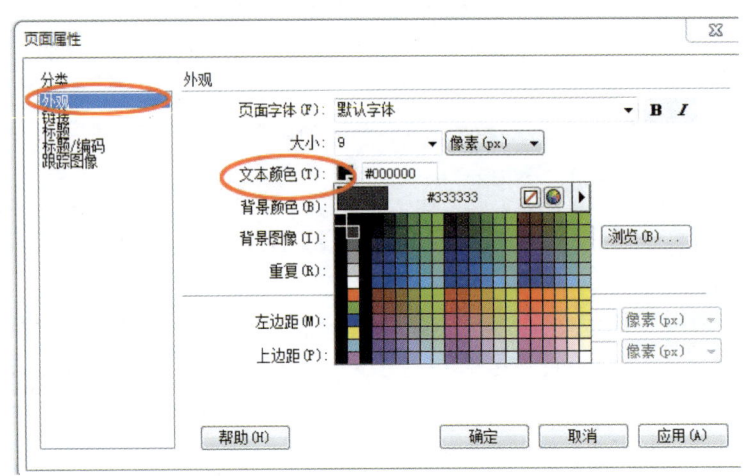

图 3-2-12　页面的文本颜色设置

7. 段落

将光标移动到段落前，然后在属性面板中的【格式】下拉框中选择相关的选项，光标后的文本即可发生变化。

8. 其他

在属性面板中可以设置文本的对齐方式，如加粗、倾斜、左右对齐、居中对齐等。

二、图像基础知识

1. 网页安全色

理论上根据红、绿、蓝3种基色，加上每种基色、饱和度和透明度的变化，排列组合之后，我们可以得到 16 777 216 种（RGB）颜色，但在这么多颜色中只有 216 种颜色能被浏览器识别，超出这个范围，浏览器就会忽略或者显示出现偏差。尽管现在的浏览器所支持的颜色范

围越来越广,但最安全的颜色还是这 216 种,因此它们被称为网页安全色。Dreamweaver MX 2004 的调色板就是网页安全色范畴之内的颜色,使得网页颜色的选取控制在安全色之内。

2. GIF 图像

GIF 图像是网页中使用最广泛、最普遍的一种图像格式,它是英文"Graphics Interchange Format(可交换图像格式)"的缩写。GIF 图像最多只能支持 256 种颜色,因此一般来说文件体积较小,适合在网络上使用。

GIF 格式的图像可以被交替下载,当浏览器下载时,首先只下载其中某些行,使浏览器显示图像的大致轮廓,然后逐步下载其他行,使图像逐渐清晰起来。网页中使用交错的 GIF 图像能够减少访问者的等待时间。

3. JPEG 图像

JPEG 图像是网页中另一种被广泛使用的图像格式,它是"Joint Photographic Experts Group(联合图像专家组文件格式)"的英文缩写,最多可以支持 16.8 兆种颜色,适合在需要表现细腻颜色细节的图像上使用,因为它支持的颜色数目较多,所以生成的文件体积较大。但由于 JPEG 格式图像具有较高的压缩率,提高了浏览器下载速度,也被广泛应用在网页中。

当我们对颜色和图像有了初步了解之后,就能尝试在网页中插入图像了。

三、图像的操作

使用 Dreamweaver MX 2004,在网页中插入图像非常方便,只要在站点管理器相应的文件夹下选中图像,用鼠标拖拽到文档编辑窗口即可,也可以在【插入】菜单中选择【图像】命令,然后打开【选择图像源文件】对话框,如图 3-2-13 所示。选择图像文件然后确定就能将图像插入网页中了。

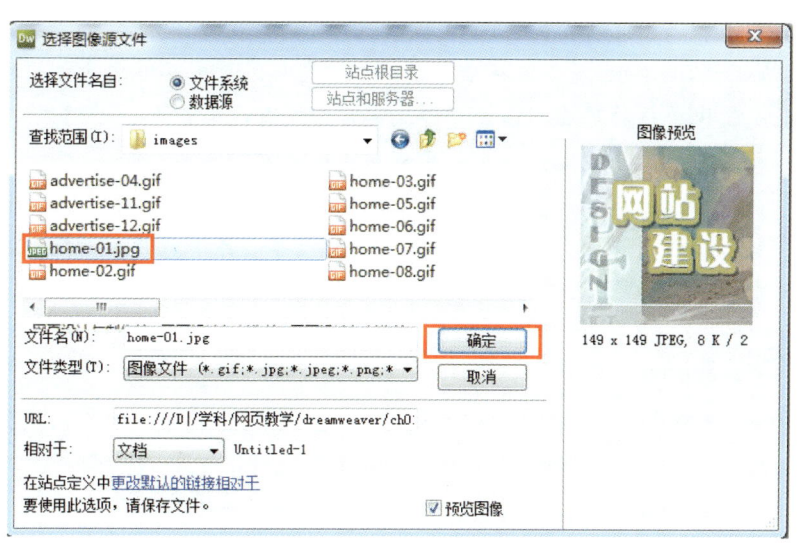

图 3-2-13　选择图像源文件

如果该文档是没有保存的新建文档,在【URL】文本框中显示的是在本地计算机硬盘中的绝对路径名,一旦文档被保存,【URL】选项就变成相对于文档或站点根目录的路径名。

如果选择的图像文件不在定义的站点目录内,将弹出对话框,询问是否复制图像文件到网站的目录下,应该选择"是",否则,以后将网站上传到服务器之后该图像就无法显示了。

和输入文本之后需要编辑排版一样,插入图像之后也要进行布局编排,同时来设定图像各种特有的属性。当插入一个图像后,用鼠标拖动【缩放手柄】可以改变图片大小,但仅仅是在网页中显示的大小,并不改变原图像尺寸。选中图片(即图像周围出现拖放手柄)的时候,在【属性】面板中能看到和设置该图像的属性,如图 3-2-14 所示,各选项的作用说明如下。

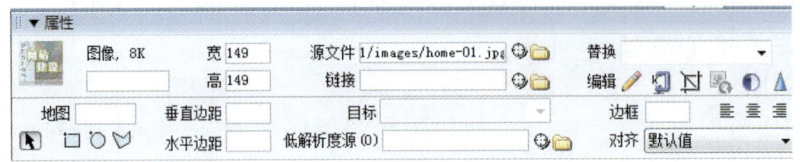

图 3-2-14　图像属性设置

- 宽、高:是图片的尺寸,默认单位是像素。
- 源文件:是图片的路径,点击后面的文件夹图标也能选择其他图片。
- 链接:是链接的目标页面或者定位点的 URL。
- 目标:是链接时的目标窗口或框架。
- 替代:是图片的文字注释,当图片不能正常显示的时候,图片的位置就会显示文字注释。
- 编辑:可以启动图像编辑软件对图像编辑。
- 地图:用于制作图像映射(热点)。
- 垂直边距、水平边距:是图像在垂直或水平方向与网页中其他元素之间的距离。
- 边框:是图像边框的宽度。选择空白或零时为没有边框。
- 对齐:下拉列表用于指定图片相对于文本的排列方式。
- 低解析度源:是当前图片的低分辨率副本的路径。如果图片很大,则先让浏览器下载显示一个文件较小的图片副本,浏览器装载完其他内容后再下载较大的图像,这样做既能保持网页的完整性,又能减少用户等待的时间。

拓展和提高

网页的色彩是树立网站形象的关键要素之一,色彩搭配却是设计者感到头疼的问题。网页的背景,文字,图标,边框,超链接……应该采用什么样的色彩,应该搭配什么色彩才能最好地表达出预想的内涵呢? 在这里谈一些心得,希望对大家有所启发。

首先我们先来了解一些色彩的基本知识:

(1) 颜色是因为光的折射而产生的。

(2) 红、黄、蓝是 3 原色,其他的色彩都可以用这 3 种色彩调和而成。网页 html 语言中的色彩表达即是用这 3 种颜色的数值表示。例如:红色是 color(255,0,0)十六进制的表示方法为"FF0000",白色为"FFFFFF",我们经常看到的"bgColor＝♯FFFFFF"就是指背景色为白色。

（3）颜色分非彩色和彩色两类。非彩色是指黑、白、灰系统色；彩色是指除了非彩色以外的所有色彩。

（4）任何色彩都有饱和度和透明度的属性，属性的变化产生不同的色相，至少可以制作几百万种色彩。

网页制作用彩色还是非彩色好呢？根据专业的研究机构研究表明，彩色的记忆效果是黑白的3.5倍。也就是说，在一般情况下，彩色页面较完全黑白页面更加吸引人。

我们通常的做法是：主要内容文字用非彩色（黑色），边框、背景、图片用彩色。这样页面整体才不显得单调，看主要内容也不会眼花。

（1）非彩色的搭配。

黑白是最基本和最简单的搭配，白字黑底、黑底白字都非常清晰明了。灰色是万能色，可以和任何彩色搭配，也可以帮助两种对立的色彩和谐过渡。如果你实在找不出合适的色彩，那么用灰色试试，效果绝对不会太差。

（2）彩色的搭配。

色彩千变万化，彩色的搭配是我们研究的重点。我们依然需要进一步学习一些色彩的知识。

第一，色环。我们将色彩按"红→黄→绿→蓝→红"依次过渡渐变，就可以得到一个色彩环。色环的两端是暖色和寒色，中间是中型色。（如图3-2-15）

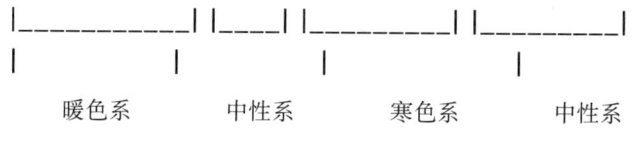

图 3-2-15 色环

第二，色彩的心理感觉。不同的颜色会给浏览者不同的心理感受。

红色——是一种激奋的色彩。刺激效果，能使人产生冲动、愤怒、热情、活力的感觉。

绿色——介于冷暖两中色彩的中间，显得和睦，宁静、健康、安全的感觉。它和金黄，淡白搭配，可以产生优雅、舒适的气氛。

橙色——也是一种激奋的色彩，具有轻快、欢欣、热烈、温馨、时尚的效果。

黄色——具有快乐、希望、智慧和轻快的个性，它的明度最高。

蓝色——是最具凉爽、清新、专业的色彩。它和白色混合，能体现柔顺、淡雅、浪漫的气氛（像天空的色彩）。

白色——给人洁白、明快、纯真、清洁的感受。

黑色——给人深沉、神秘、寂静、悲哀、压抑的感受。

灰色——给人中庸、平凡、温和、谦让、中立和高雅的感觉。

每种色彩在饱和度，透明度上略微变化会产生不同的感觉。以绿色为例，黄绿色有青春、旺盛的视觉意境,而蓝绿色则显得幽宁、阴深。

（3）网页色彩搭配的原理。

第一,色彩的鲜明性。网页的色彩要鲜艳,容易引人注目。

第二,色彩的独特性。要有与众不同的色彩,使得大家对你的印象强烈。

第三,色彩的合适性。色彩和要表达的内容气氛相适合。如用粉色体现女性站点的柔性。

第四,色彩的联想性。不同色彩会使人产生不同的联想。蓝色使人想到天空,黑色使人想到黑夜,红色使人想到喜事等,选择色彩要和网页的内涵相关联。

（4）网页色彩掌握的过程。

随着网页制作经验的积累,我们用色有这样的一个趋势:单色→五彩缤纷→标准色→单色。一开始因为技术和知识缺乏,只能制作出简单的网页,色彩单一。在有一定基础和材料后,希望制作一个漂亮的网页,将自己收集的最好的图片,最满意的色彩堆砌在页面上,但是时间一长,却发现色彩杂乱,没有个性和风格。第三次重新定位自己的网站,选择好切合自己的色彩,推出的站点往往比较成功。当最后设计理念和技术达到顶峰时,则又返璞归真,用单一色彩甚至非彩色就可以设计出简洁精美的站点。

（5）网页色彩搭配的技巧。

到底用什么色彩搭配好看呢? 下面介绍几点技巧,帮助大家成为调色大师。

第一,用一种色彩。这里是指先选定一种色彩,然后调整透明度或者饱和度,说得通俗些就是将色彩变淡或者加深,产生新的色彩,用于网页设计。这样的页面看起来色彩统一,有层次感。

第二,用两种色彩。先选定一种色彩,然后选择它的对比色(在 Photoshop 里使用快捷键【Ctrl】+【Shift】+【I】)。会使整个页面色彩丰富但不花哨。

第三,用一个色系的色彩。简单地说就是用一个感觉的色彩,例如淡蓝、淡黄、淡绿,或者土黄、土灰、土蓝。

第四,用黑色和一种彩色。比如大红的字体配黑色的边框会感觉很"跳"。

在网页配色中,忌讳的是:

第一,使用颜色过多。不要将所有颜色都用到,尽量控制在 3 种色彩以内。

第二,背景和前文对此不明显。背景和前文的对比尽量要大,绝对不要用花纹繁复的图案作背景,以便突出主要文字内容。

当我们在检视色彩的科学本质和色彩调和的美学考量时,我们发现感官在色彩运用上扮演了很重要的角色。除了感官反应与辨识调和色彩外,人类内在对色彩的反应还有更深层的一面。色彩能引发强烈的生理和心理共鸣,不管是正面或负面。当你在选定颜色组合时,请确定你所选择的颜色能引起适当的回响。

色彩的生理反应

虽然并没有直接证据显示色彩能引发特定反应,但是研究显示,某些颜色确实能够引起一些生理上的反应。例如,红色就是一种非常刺激的颜色,往往会令人心跳加快、呼吸急促。所以,红色非常适合用在需要引起注意和强调的时候,但若用在背景颜色的时候可能显得过于强烈。相同地,黄色也能引起注意,但因为其反射性太强,容易造成眼睛的疲劳和不舒服。另外,蓝色对神经系统具有放松的效果,且根据一些研究显示,以蓝色当背景还能增加生产力。但是,如果你的产品与食物有关,千万不要用蓝色作为背景颜色,因为蓝色可是会抑制人们的胃口喔。

色彩的象征

色彩所象征的意义有时候跟大自然中的事物有关。例如,天空与太阳的颜色所使人产生的联想举世皆然。然而,大部分的色彩意义都跟民族文化有关,例如政治、宗教、神话或社会结构等。这些因素可能会随着时间与地域的不同而产生差异。更有甚者,同一颜色在不同文化中可能会有截然不同的含义。另外,大部分的颜色都同时具有正面和负面的联想。你可以运用色彩的质量和饱和度的不同,或者是用混合两个颜色的方式来强调某个特别的涵义。

一般在西方的文化中,色彩所传达的涵义为:

红色:热情、浪漫、火焰、暴力、侵略。红色在很多文化中代表的是停止的讯号,用于警告或禁止一些动作。

紫色:创造、谜、忠诚、神秘、稀有。紫色在某些文化中与死亡有关。

蓝色:忠诚、安全、保守、宁静、冷漠、悲伤。

绿色:自然、稳定、成长、忌妒。在北美文化中,绿色代表的是"行",与环保意识有关,也经常被连接到有关财政方面的事物。

黄色:明亮、光辉、疾病、懦弱。

黑色:能力、精致、现代感、死亡、病态、邪恶。

白色:纯洁、天真、洁净、真理、和平、冷淡、贫乏。白色在中华文化中也代表着死亡的颜色。

思考与练习

1. 简述文档的编辑在排版时需要插入的元素。
2. 简述网页的安全色。
3. 简述图像的基本操作。

任务三　网页的超级链接

任务描述

现在要将制作的各个风景名胜网页与主页链接起来。要求单击"我的邮箱"文字,可以打开邮件程序窗口(通常是 Outlook Express),同时在窗口内的"收件人"文本框中会自动填入链接时指定的 E-mail 地址。单击下拉列表框,选择其中的按钮(有新浪、雅虎等选项),即可打开相应的网站。单击左侧的"埃及金字塔"塔尖区域，可以打开埃及金字塔的网页。单击中间的文字，可以切换到相应的网页。如图 3-3-1 所示。

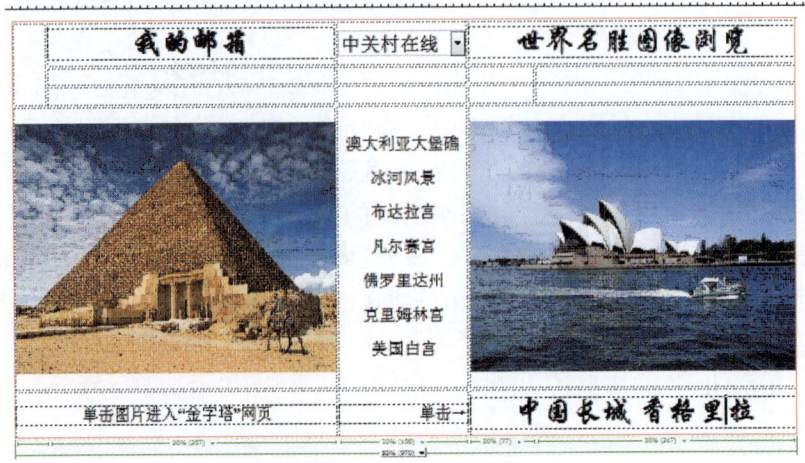

图 3-3-1　网页主页的显示效果

任务分析

超级链接是网页间联系的桥梁，分析该任务中哪些使用文字链接，哪些使用图片链接，哪些使用邮件链接和设置书签链接的方法。

方法与步骤

（1）新建 HTML 文件，保存为"index. htm"。

（2）设置网页背景图像时使用"images"文件夹内的"bg2. jpg"纹理图像。

（3）单击【查看】|【表格模式】|【布局模式】菜单命令，进入网页布局模式状态，此时，【绘制布局表格】工具按钮和【绘制布局单元格】工具按钮才有效。单击【插入】工具栏中的【布局】按钮，切换到【布局】工具栏。使用【绘制布局表格】工具按钮和【绘制布局单元格】，创建网页布局，如图 3-3-2 所示。

（4）按照图 3-3-3 所示，在不同的单元格输入文字"世界名胜图像浏览""我的邮箱""单击图片进入埃及金字塔""单击→""澳大利亚的大碉堡""冰河风景"等文字。

（5）单击【插入】|【布局】面板内的【描绘 AP Div】按钮，鼠标指针变为十字线状态，在第 1 列第 5 行单元格内拖动，在页面内左侧创建一个名称为"apDiv1"的 AP Div，其内插入"images"文件夹内的"jinzita1. jpg"图像，然后调整该图像的大小。

（6）在第 3 列第 3 行单元格内插入"images"文件夹内的"xini. jpg"图像，在第 3 列最下面一行单元格内插入"images"文件夹内的"xgll. jpg"和"chang. jpg"文字图像，在它们之间插入"images"文件夹内的"back2. jpg"纹理图像。调整插入图像的大小，设置其居中分布。

（7）将光标定位在下拉列表框所在的第 2 行第 2 列单元格内，单击【插入】|【表单】栏内的【列表】按钮，在类型栏内选择【菜单】按钮，插入一个下拉列表框对象。

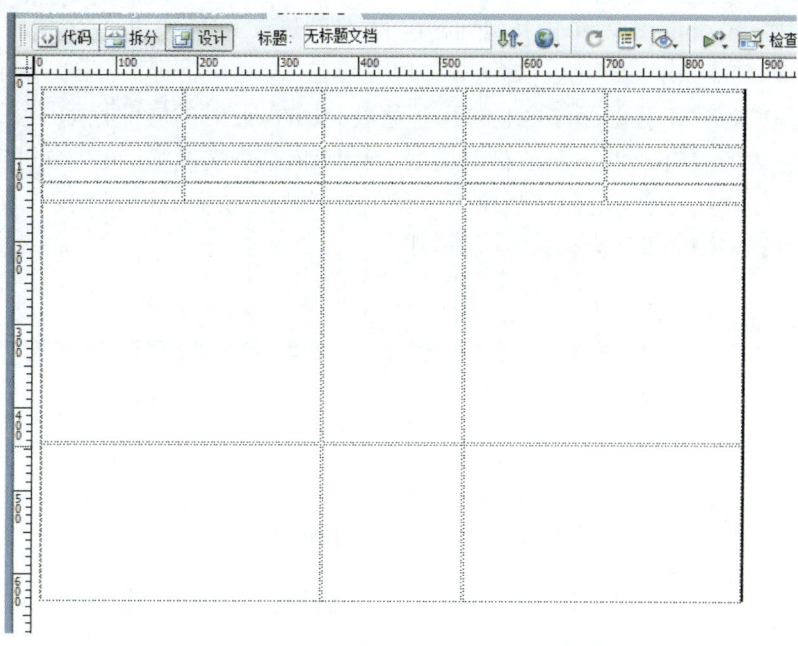

图 3-3-2　网页的布局

（8）选中"jinzita1.jpg"图像，调出其属性栏，如图 3-3-3 所示。单击属性栏内的【矩形热点工具】按钮，在"jizita1.jpg"图像的塔尖部分拖出一个浅蓝色的矩形，创建一个矩形热区，将图像中间的一部分覆盖，如图 3-3-4 所示。

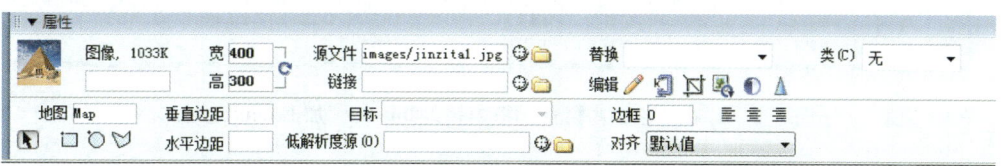

图 3-3-3　金字塔图像的属性栏

图 3-3-4　网页的设计效果

（9）选中"xini.jpg"图像，单击其属性栏内的"椭圆热点工具"按钮，在图像之上拖出一个浅蓝色的圆形，创建一个圆形热区，如图 3-3-4 所示。

（10）选中"jinzita1.jpg"图像之上的浅蓝色矩形热区，此时的属性栏如图 3-3-5 所示。单击【链接】栏内的按钮，弹出选择文件对话框，利用该对话框选择"images"文件夹内的"aiji.html"网页文件，再单击【确定】按钮，建立浅蓝色矩形热区与"aiji.html"网页文件的链接。也可以直接在【链接】文本框内输入"aiji.html"。

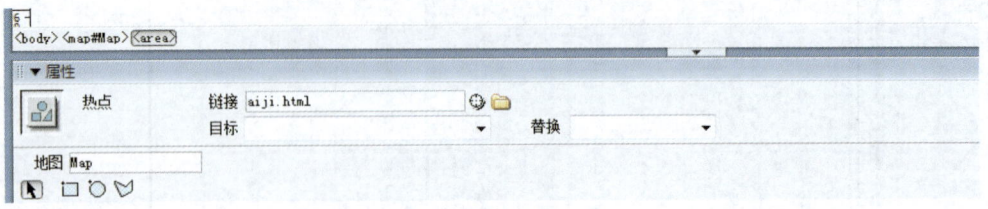

图 3-3-5　热区的属性栏

（11）选中图像浅蓝色的圆形热区，在属性栏内【链接】文本框中输入"xini.htm"，建立浅蓝色圆形热区与"xini.htm"网页文件的链接。

（12）拖动选中"我的邮箱"文字，调出其属性栏，在该属性栏内的【链接】文本框内输入"mailto:server2012@yahoo.com.cn"，如图 3-3-6 所示。

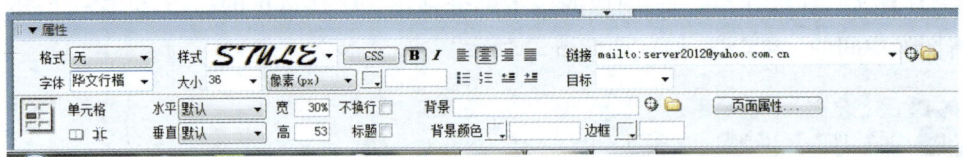

图 3-3-6　在属性栏内【链接】框内输入"**mailto:**"加 E-mail 地址

（13）选中的第 2 行第 2 列单元格内的下拉列表框（即菜单表单）对象，单击其属性栏内

图 3-3-7　【列表值】对话框属性设置

的【列表值】按钮，弹出【列表值】对话框，在该对话框内输入 3 个项目标签栏和它们的值，如图 3-3-7 所示。完成下拉列表框内各选项与 Internet 上网页的链接。

（14）拖动选中"澳大利亚大碉堡"文字，调出其属性栏，在该属性栏内的【链接】文本框中输入"澳大利亚大堡礁.htm"，如图 3-3-8 所示。

图 3-3-8　"澳大利亚大堡礁"文字的属性栏

按照上述方法,建立第 2 列中其他文字与相应网页的链接。

（15）选中第 3 列最下边一行单元格内插入的"长城.jpg"文字图像,在其属性栏内的【链接】文本框中输入"chang.htm",如图 3-3-9 所示。选中第 3 列第 5 行单元格内插入的"香格里拉.jpg"文字图像,在其属性栏内的【链接】文本框中输入"香格里拉.htm"。

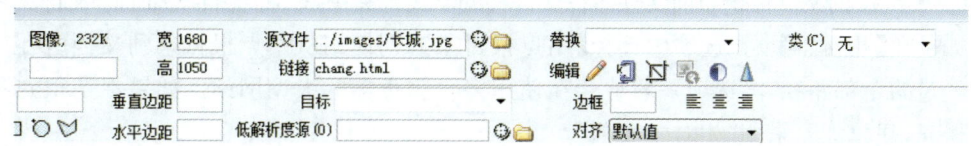

图 3-3-9　"长城.jpg"文字图像的属性栏

相关知识与技能

一、超链接的种类

网络中的一个个网页是通过超级链接的形式关联在一起的。超级链接是网页中最重要也是最根本的元素之一,没有它的存在,网页之间失去了关联,也就不成为网了。

网页中的超级链接分为以下 3 种形式:

（1）绝对路径,如 http://www.flasher123.com/index.htm。

（2）文档相对路径,如 web/work/my.htm。

（3）站点根目录相对路径,如/web/work/my.htm。

二、文本超链接

浏览网页时,我们发现鼠标经过某些文字的时候,鼠标指针的形状会发生变化,根据网页设计的不同,可能文本也会发生一些变化,如出现下划线或下划线消失、文本颜色字型改变等。这是提示我们"这里是一个超级链接",此时用鼠标点击这个超级链接,就会打开所链接的网页。

1. 网站内文本超链接

在 Dreamweaver MX 2004 中为文本加入网站内超级链接十分简单。

（1）首先用 Dreamweaver MX 2004 打开要添加超链接的网页"index.htm"。

（2）用鼠标选中需要制作超级链接的文字,来到属性面板,打开【链接】文本框后点击文件夹图标,打开【选择文件】对话框。在这里我们引入相对路径的概念:

如图 3-3-10 所示,选中文档之后,选择【相对于】下拉选项的【文档】或【站点根目录】时,【URL】文本框的内容也

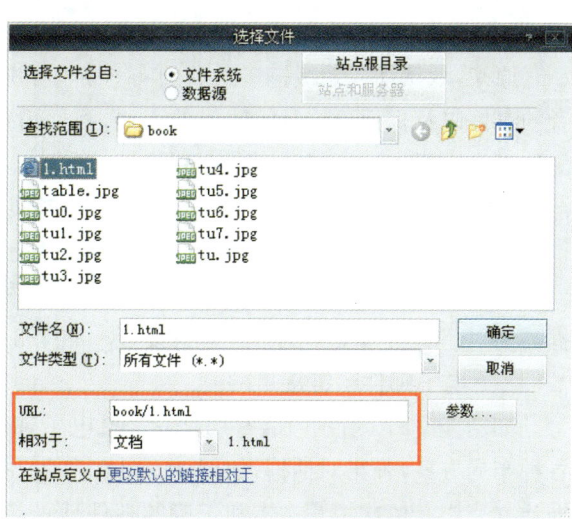

图 3-3-10　【选择文件】对话框

随之改变。

如果在【相对于】下拉选项中选择【文档】，则使用文档的相对路径，省略了与当前文档链接相同的 URL 部分，只指明不同部分。一般"相对于文档"用于以下几种情况：

① 要链接的文档与当前文档在同一文件夹中，这时只需要输入文件名。

② 要链接的文件位于当前文件所在文件夹的子文件夹中，URL 会自动加上子文件夹名。

如果在【相对于】下拉选项中选择【站点根目录】，则使用从站点根目录到文档所在文件夹所经过的全部路径，本选项一般适合在使用多台服务器的大型网站。如果不是很熟悉路径的概念，建议大家采用"相对于文档"。

为文本添加链接之后，【属性】面板中的【目标】文本框就变成了可选状态，如图 3-3-11

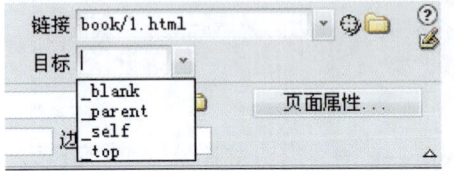

图 3-3-11 【目标】下拉菜单

所示。下拉框各选项的作用说明如下。

- _blank：打开新窗口显示文档，如果想重新打开一个窗口显示链接，一定要选择这个选项。
- _parent：回到上一级窗口显示文档内容。
- _self：在当前窗口显示文档内容，默认为此选项。
- _top：回到最顶端窗口显示文档内容。

2. 网站外文本超链接

除了可以将主页上的文字与网站中的网页链接起来，还可以与网站外的文件相连，甚至是 Internet 上的网站。

这个时候，在【链接】文本框中填写的就应该是完整的 Internet 地址，如 http://www.163.com。它的 URL 带有通信协议、主机名、文件名等，是一个完整的统一资源定位，这就是"绝对路径"。绝对路径一般在所要链接的内容在其他网站的时候才出现。

3. 设置文本链接的不同状态

大家上网浏览会发现有些文本链接颜色会发生变化，有的有下划线，而有的没有下划线，那些文字点击后有的颜色发生了改变，有的没有发生改变，这些是怎么做到的呢？

原来，默认加入超级链接之后的文本带有下划线，点击后文本也会改变颜色。根据设计者的喜好以及页面总体视觉效果的需要，我们可能会为了保持页面文本字型、字号、字色的一致而采用只有鼠标移动到带有超级链接的文本时文本才变色，提示用户此处是一个超级链接。过去这样的效果需要填写大量代码才能实现，现在 Dreamweaver MX 2004 给大家提供了方便的设置方法，只需要点击几次鼠标，就能制作出与众不同的网页来。

在【属性】面板点击【页面属性】，打开其对话框，在对话框中的【分类】选择【链接】即可根据需要对超级链接文本的样式进行设置。如图 3-3-12 所示。

三、电子邮件超链接

如图 3-3-13 所示，在【常用】中点击【电子邮件】按钮（点击【常用】处下拉三角可以选择各种布局方式）弹出对话框，如图 3-3-14 所示。按下【确定】按钮，一个电子邮件的超级链接即建立完毕。依次填写文本和正确的邮件地址，网页中文本的内容就会变成一个电子邮件超级链接，用户点击它时，就能启动 Outlook 或 Foxmail 等软件发送邮件了。

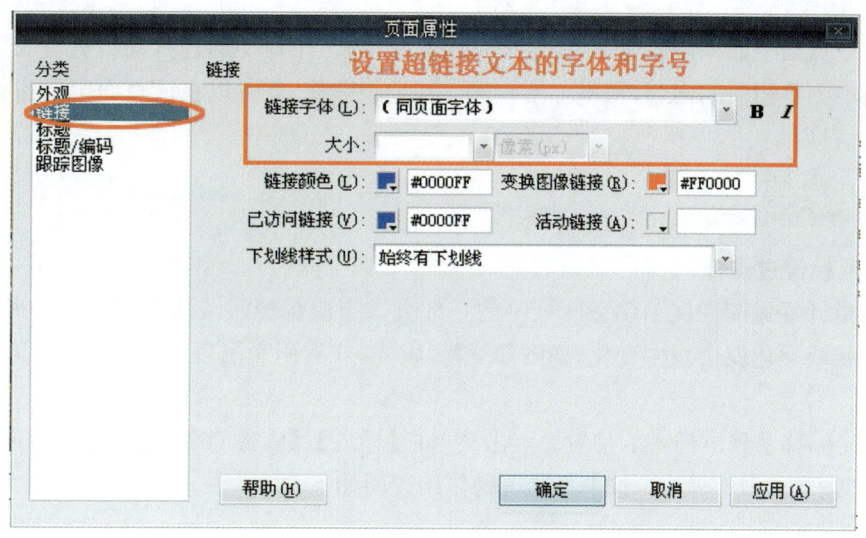

图 3-3-12 【页面属性】

图 3-3-13 【常用】按钮　　　　　　　图 3-3-14 电子邮件链接对话框

四、图片超链接

1. 创建整个图片超链接

整个图像链接与文本链接大体相同,不同的首先要选中图像,然后在链接文本框中进行设置。

2. 创建图片热区超链接

选中整个图片,用鼠标单击【属性】面板的展开,弹出如图 3-3-15 所示的面板。

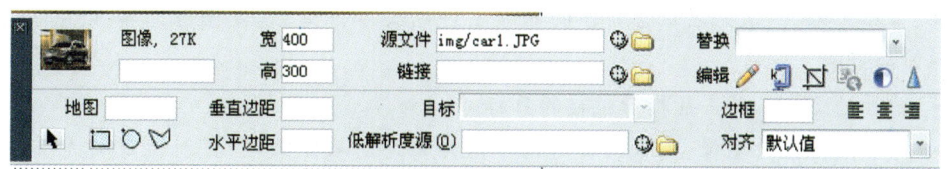

图 3-3-15 属性面板展开图

在被选中的整个图片上拖动鼠标指针,画一个虚框选中需要的区域,在【属性】面板中单击【链接】右边的文件夹,打开【选择文件】对话框,选择需要链接的网页。

图片热区链接可以在对较大的图片不同区域设置不同链接。

五、锚记超链接

当一个页面中如果内容过多，就会使页面变得很长，用户要通过拉动浏览器的滚动条才能在页面中浏览相关的内容，很不方便。建立锚记超链接，就可以在该页面中快速查找相关的主题和信息。

拓展和提高

一、鼠标经过图像

鼠标指针经过图像属于动态网页中的一部分。当鼠标经过或者按下按钮的时候，图像按钮的形状或颜色就会发生变化，如图像变换、发光，或者阴影出现等，使网页变得生动活泼起来。

（1）光标移动到欲插入的位置。点击菜单栏【插入】|【图像对象】|【鼠标经过图像】打开对话框，如图 3-3-16 所示。其中各选项的作用说明如下。

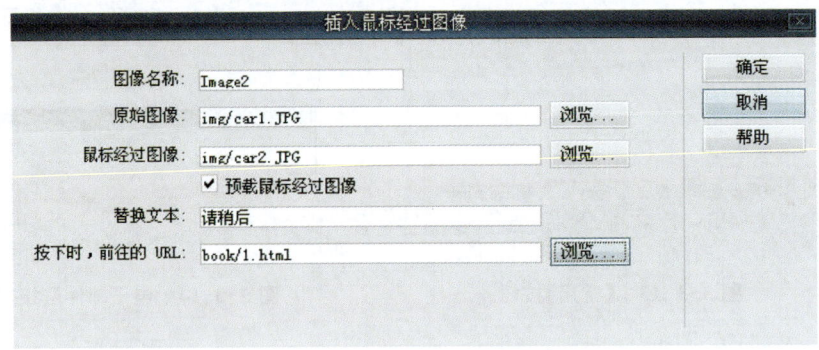

图 3-3-16　插入鼠标经过图像对话框

• 图像名称：鼠标经过图像的名称，名称是自定义的，只要不与同页面另一个鼠标经过图像的名称相同即可。

• 原始图像：页面开始显示的图像。

• 鼠标经过图像：鼠标经过的时候显示的图像。

• 替换文本：图像无法正常显示的时候出现的文本注释，也是图像正常显示时鼠标指向链接时的说明。

• 前往的 URL：点击鼠标后链接的目标。

• 预载鼠标经过图像：浏览网页时两个图片都同时被下载，当鼠标经过时无需从网上下载，而是调用预先下载的图像，减少延迟，使浏览效果平滑流畅。

二、创建导航条

（1）导航条由一组按钮或者图像组成，由它们链接到各个分支页面，起到导航作用，这些图片应该包括 4 种状态，如图 3-3-17 所示。

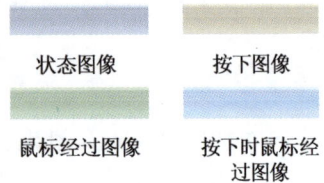

图 3-3-17　不同状态下的导航条

（2）在菜单栏选择【插入】|【图像对象】|【导航条】，打开对话框，如图 3-3-18 所示。其中各选项的作用说明如下。

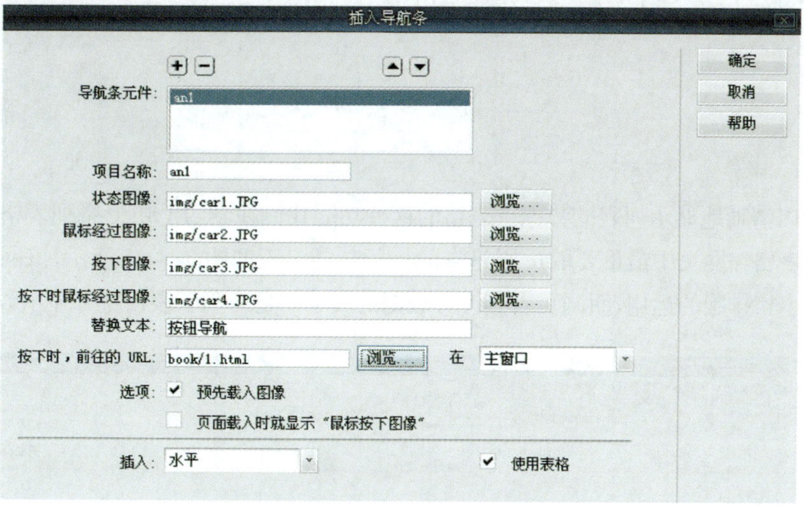

图 3-3-18　插入导航条属性对话框

- 导航条元件：可以自命名，也可以在后面内容设置完毕后由系统自动分配。
- 项目：可以自命名，也可以在后面内容设置完毕后由系统自动分配。
- 状态图像：页面起始显示的图像。
- 鼠标经过图像：当鼠标指针移动到图片上时显示的图像。
- 按下图像：按下鼠标时显示的图像。
- 按下鼠标经过图像：按钮被单击后呈现的图像，提示用户这个部分的按钮已经被点击过。
- 替换文本：图像不能正常显示或者鼠标移动在链接上时出现的文本注释。
- 按下时，前往的 URL：超级连接的目标。
- 预先载入图像：浏览时同时下载所有图像，显示效果时直接读取电脑缓存中的图像，使效果平滑。
- 使用表格：选中复选框时以表格的形式插入导航条。（默认选择）
- 插入：水平或垂直，当添加其他按钮导航条的时候在该按钮的水平位置或垂直位置排列。

最顶端的 ⊞、⊟ 两个按钮用于添加其他导航按钮；▲、▼ 两个按钮用于调整导航按钮位置。

思考与练习

1. 简述超级链接的分类。
2. 简述文本超链接的制作方法。
3. 简述电子邮件超链接的制作方法。

任务四　网页的布局——表格

任务描述

表格可以清晰地显示列表的数据。表格的这种功能我们在学习 Office 系列表格中已经很熟悉了。但是表格在网页中最重要的运用是它的排版功能。正如图 3-4-1 所示,该网页内容的整体组织就是表格排版的运用,而网页右侧评分数据的展示则是运用了表格整齐显示数据的功能。

图 3-4-1

任务描述

设计一个某汽车网站的子网页,用于简单展示某个具体车型。作为汽车网站,需要重点突出汽车车型特点,所有内容均应围绕该具体车型的特点进行说明展示,并给予客观的评价。在车型展示时应该考虑将文字说明、图片展示和网友评论相结合,图文并茂,使读者通过该网页对该车有一个直观、客观而且全面的了解。

任务分析

完成这样一个网页的制作,首先需要考虑的是:使用哪些素材、文字可描述该车的特点及对该车的评价。由于网页要求图文并茂,因此考虑使用多幅有关汽车的外观和内饰的照片并配以简洁的文字评价,即可表现汽车的特点。其次要考虑的是:如何将编辑对该车的总评价、汽车的相关图片和网友的评价合理地在网页上布局。因为所有的素材包括两部分文字和一部分图片,所以可以用图片分隔编辑总评和网友评分两个部分。于是可以将该网页分成左、中、右3个部分,左侧部分用于展示该车的总体说明和编辑评价,中间部分用于展示该车图片,右侧部分用于展示网友对该车的评价。所以,该网页可使用表格来布局,以清晰地显示网页的内容而不会显得凌乱。

方法与步骤

1. 素材整理

- 左侧部分:① 车名:昂科雷
  ② 类型:进口商务越野车
  ③ 外形尺寸:5118/2007/1842 mm
  ④ 排量:3564.0 cc
  ⑤ 发动机:3.6 L
  ⑥ 变速箱:自动
  ⑦ 车身结构:SUV
  ⑧ 原产地:美洲
  所属品牌:别克
  所属公司:通用
  ⑨ 优点:性能优异,驾驶顺滑流畅,乘坐感高级,配备丰富,造工细腻。
  缺点:车体太重,四驱系统不够高级,油耗大。

- 中间部分:汽车图片。将获取的6副图片调整为大小统一的400×300像素的图片。(可以使用Fireworks或者Photoshop统一处理)

- 右侧部分:网友评分表,如表3-4-1所示。

表3-4-1　　　　　　　　　　　网 友 评 分 表

项目	评分(分)	项目	评分(分)
外观	2.8	内饰	3.3
动力	3.5	操控	3.5
配置	3.0	舒适	3.2
安全	3.0	性价比	3.0
油耗	2.0	说明:满分为5分	

2. 利用表格给网页布局

(1)建立站点"car",并在该站点文件夹下新建文件夹"img",将步骤"1"修改好的6幅图片放在该文件夹下。在该站点下新建网页"1.htm",在【常用】工具栏(见图3-4-2)中单击表格按钮▦插入一个4行5列的表格,参数设置如图3-4-3所示。

(2)调节表格的位置,使其居中,并将5列单元格的宽度从左至右依次调整为20、300、400、300、20像素,再将4行单元格的高度从上而下依次调整为30、300、50、20像素,如图3-4-4所示,最后合并单元格,如图3-4-5所示。

图 3-4-2 【常用】工具栏

图 3-4-3 表格参数设置

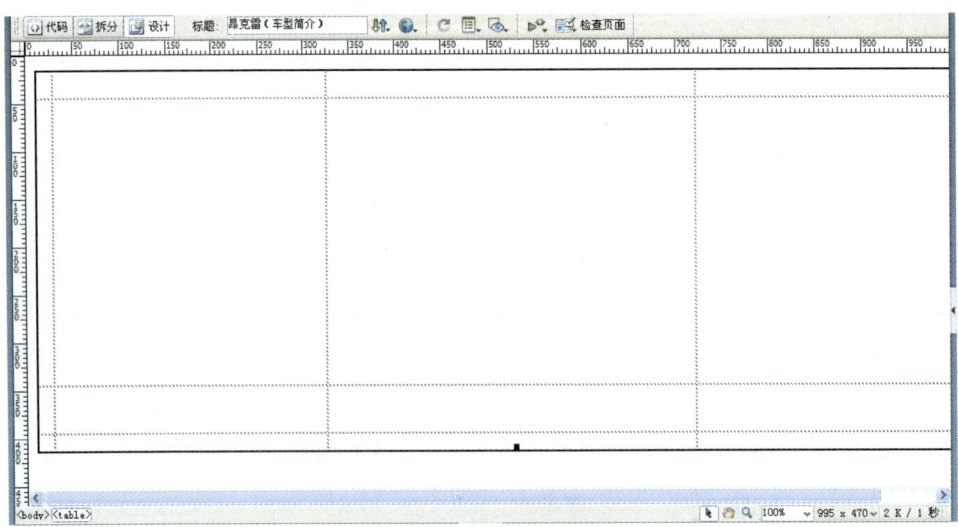

图 3-4-4 调节表格位置

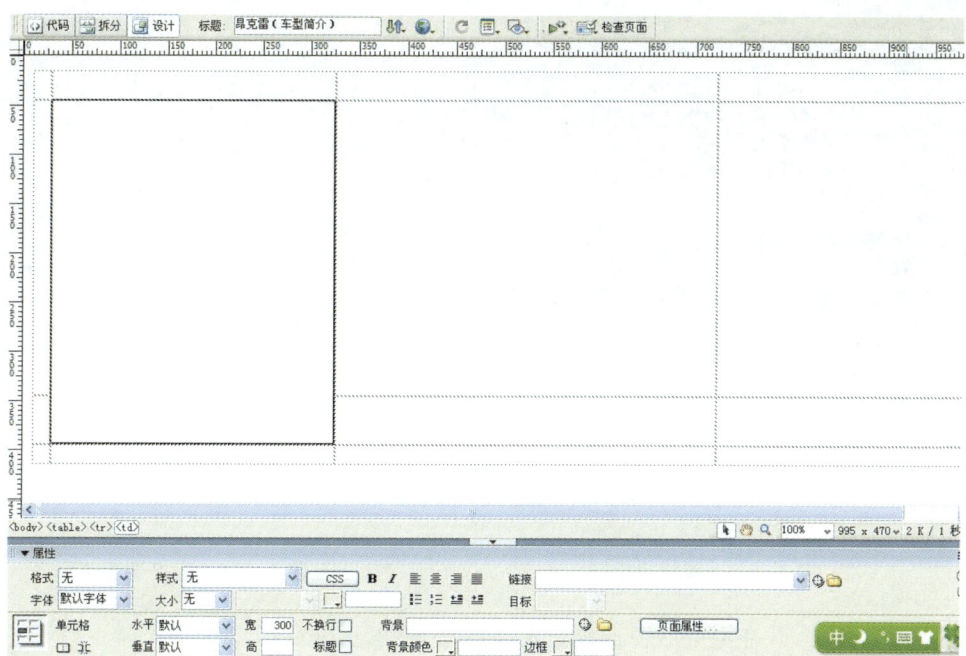

图 3-4-5　合并单元格

3. 在布局好的网页中插入素材

(1) 将步骤"1"中准备好的素材(除网友评分表外)插入布局好的单元格中,完成如图 3-4-6 所示的效果。文字格式分别为:昂科雷(黑体、36 像素),类型:"进口商务越野车"至"车身结构:SUV"(楷体、20 像素、棕色),"原产地:美洲"至"所属公司:通用"(楷体、20 像素、蓝色),"优点"及"缺点"(宋体、12 像素、红色),其他文字(默认字体、14 像素)。

图 3-4-6　插入素材

(2) 在图片右侧的空白单元格中插入一个 6 行 6 列边框为 1 像素的表格,宽度设为 90%,设置如图 3-4-7 所示。

(3) 将表格的位置和单元格设置成如图 3-4-8 所示的样子,然后以默认字体、12 像素大小的文字填写表格,最终完成如图 3-4-9 所示的形态。

图 3-4-7 表格设置

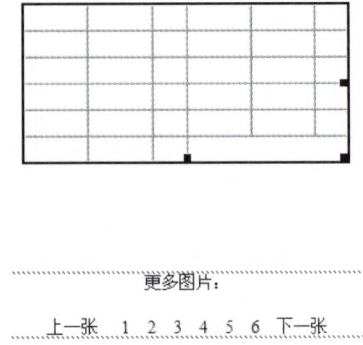

更多图片:

上一张 1 2 3 4 5 6 下一张

图 3-4-8 表格设置效果

（4）保存文件,并在浏览器中查看完成效果,如图 3-4-9 所示。

图 3-4-9 网页效果图

相关知识与技能

一、绘制网页布局

在使用布局表格和单元格设计网页时,必须将标准视图切换至布局视图,此时的布局表格和绘制布局单元格才可用。如果把绘制网页比作建造房子,那么绘制布局表格和单元格就犹如在构建整个房子的基本结构。布局表格和单元格决定了整个网页的一个架构。

布局表格和布局单元格之间的区别在于:

（1）在布局表格中不能直接插入网页元素,但在布局表格中可以插入新的布局表格,形成嵌套布局表格。同时在布局表格中也可以插入布局单元格,但其大小受到布局表格的限制。

（2）布局单元格不能独立存在,它必须在布局表格内。在布局单元格内不能插入布局单元格和布局表格。在布局单元格内插入的是网页中的各项元素。

二、数据表格的制作

数据表格的制作一般有两种方法:第一种是通过插入命令直接将表格插入网页;第二种是利用现有的表格数据,利用导入表格式数据命令,将数据以表格的形式显示。

数据表格的美化有两种方法:即通过【属性】面板的【设置】和【格式化表格】命令都可进行操作。美化表格时可以将这两种方法互相结合使用。同时,数据表格可以进行排序,对表格排序不必选取所有要排序的单元格,将光标定位在该表格任意单元格内即可。

三、网页布局设计原则

制作同一张网页,不同的人可能会采用不同的布局方式。在对一张网页进行布局前,需要有个整体规划。必须要考虑以下两个因素:

（1）如何提高布局的效率。不要插入不必要的嵌套表格,要对嵌套表格合理应用。

（2）如何避免表格及单元格间的相互干扰。

使用【格式化表格】命令进行布局的优势是当某一表格在制作时发生错误,如表格由于内容过多被撑坏,也不会影响到其他已完成的表格。

表格的高度无需设置,它会根据内容的大小而作相应的变化。

拓展和提高

如果表格要制作渐变边框,可以采用如下的方法:外侧单元格的背景颜色为渐变图片,素材的图片宽度设置为1像素。由于背景图片是以平铺的方式显示,所以单元格将显示渐变效果。在单元格内插入比单元格宽度少2像素的表格,插入的表格颜色设置为白色。

如果希望制作表格边框宽度为1像素单色,则可以通过将外侧的布局表格颜色设置为深色后,将其间距设置为1像素,并将内侧布局表格中的单元格的颜色设置白色后实现。

思考与练习

1. 简述数据表格的制作过程。
2. 简述网页布局设计的原则。

任务五　表　单　网　页

任务描述

现在要将制作的各个风景名胜放在一张网页内显示。因此,需要制作一个框架结构的网页，上边分栏框架内是"世界名胜图像浏览"红色文字，左边分栏框架内有一幅图像、一个下拉列表框和一个【前往】按钮，下列列表框内有【澳大利亚的大堡礁】等选项。选择下拉列表框中的一个选项后，单击【前往】按钮，即可在右边的分栏框架内显示相应的大幅图像。

任务分析

该任务需要收集各个景区的图片和简介，制作一些景区的介绍网页。首先应该考虑将任务分成两个部分：表单元素的类型确定和网页的布局。其中表单元素的类型应根据活动任务分别确定；而网页布局则针对该网页内容来确定。

方法与步骤

（1）在准备好"世界名胜图像浏览"文件夹内新建空白网页 left.html，单击【插入】|【表单】栏内的表单按钮，即可在网页设计窗口内光标处创建一个表单域。单击表单域内部，定位光标在表单域内部。

（2）单击【插入】|【表单】栏内的图像域按钮，弹出【选择图像源文件】对话框。利用该对话框选择"PIC"文件夹内的"图像 1.jpg"图像文件。然后，单击【确定】按钮，插入"图像1.jpg"，再适当调整该图像的大小。

（3）在"世界名胜图像浏览"文件夹内创建一个名称为"澳洲大堡礁.html"的网页文档，其内插入一幅"PIC"文件夹中的"澳洲大堡礁.jpg"图像。再创建一个名称为"冰河风景.html"的网页文档，其内插入一幅"PIC"文件夹中的"冰河风景.jpg"图像。

按照上述方法，创建其他网页，这些网页内均插入一幅"PIC"文件夹中的相应图像。

（4）打开"世界名胜图像浏览.html"网页文档，单击左边框架栏内图像右边，将光标定位在图像的右边。按回车键，将光标定位到下一行的左边。

（5）创建一个表单域，将光标定位在表单域内部。单击【插入】|【表单】栏内的【跳转菜单】按钮，弹出一个【插入跳转菜单】对话框，如图 3-5-1 所示。

（6）在【插入跳转菜单】对话框内【文本】的文本框内输入"澳洲大堡礁"，在【选择时，转到 URL】文本框内输入要跳转的网页文件的路径与网页文件的名称"澳洲大堡礁.html"、也可以单击【浏览】按钮，弹出【选择文件】对话框，利用该对话框选择链接的文件"澳洲大堡礁.html"，表示"澳洲大堡礁"文字链接到"澳洲大堡礁.html"网页文件。此时，同时在【菜单项】列表框中的"item1"菜单选按钮名称变为"澳洲大堡礁"。

（7）在【打开 URL 于：】下拉列表框内选择【框架 main】选项，可以使链接的网页文件在右侧的 main 框架栏内显示。选中【菜单之后插入前往按钮】

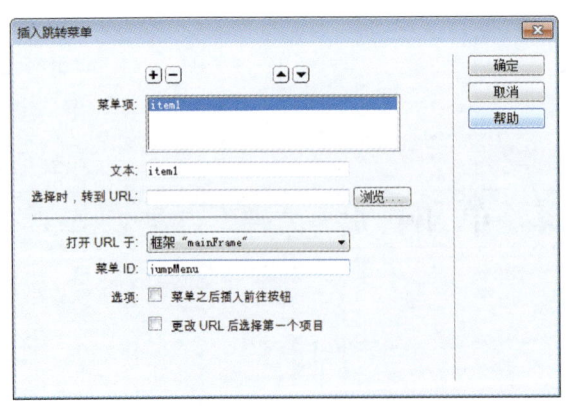

图 3-5-1　插入跳转菜单

复选框,可以在跳转菜单的右边增加一个【前往】按钮。此时的【插入跳转菜单】对话框设置如图 3-5-2 所示。

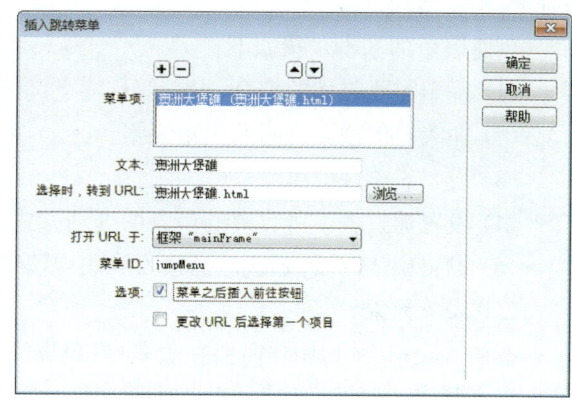

(8) 单击【+】按钮,在【菜单项】列表框中添加一个新的"item1",再在【文本】文本框中输入"冰河风景"文字,同时在【菜单项】列表中增加一个"冰河风景"菜单项目。然后,在【选择时,转到 URL】文本框内输入"冰河风景.html"。

(9) 按照上述方法,继续增加菜单选项以及菜单选项与相应网页文件的链接。

图 3-5-2 【插入跳转菜单】对话框

(10) 单击【插入跳转菜单】对话框中的【确定】按钮,关闭该对话框。可以看到网页中添加了一个下拉列表和一个【前往】按钮。

(11) 选中下拉列表框,在其【属性】栏内选中【列表】单选按钮,在【高度】文本框中输入9,表示列表框中可以显示 9 个菜单选项按钮,如图 3-5-3 所示。

图 3-5-3 设置好【插入跳转菜单】对话框后

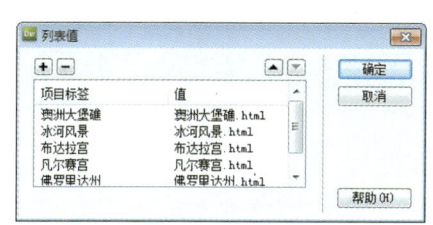

图 3-5-4 列表值对话框

(12) 选中列表框,弹出其属性栏,再单击【列表值】按钮,弹出【列表值】对话框,如图 3-5-4 所示。然后,可以在该对话框内列表框的【项目标签】列中修改、添加或删除菜单选项按钮名称,在【值】栏内修改链接的网页名称。单击【列表值】对话框中的【确定】按钮,退出该对话框。

(13) 保存"LEFT.html"网页文件和框架文件。如果在该【属性】栏内选中【菜单】单选按钮,则该网页内的列表框会变成一个下拉式菜单。

相关知识与技能

一、创建表单

随着网站功能的完善,用户对网页的要求不仅是获取信息,还希望要有互动的交流。表单作为网页交互的一种元素,被应用在网站的各个区域。其表现的形式有问卷调查、线上交易以及拍卖活动等。

创建表单的基本步骤如下：

（1）确定需要收集的信息，根据信息特点设计表单。

（2）在表单中插入不同的表单元素。

（3）设置表单域的属性。

（4）设置通过表单所收集的信息的处理方式。

（5）设置确认网页，确认已经接收到用户填写的信息，并请用户核对是否正确。

二、表单元素

在插入表单之后，用户需要在表单（红色虚线内）添加表单元素，如文本框、单选按钮、复选框以及弹出菜单等，如图 3-5-5 所示，其中各表单元素的作用说明如下。

图 3-5-5　表单元素

- 文本框：文本框是常见的表单元素之一，在文本框内可输入任何文本、字母或数字类型；设置【属性】面板中"字符宽度"的值，可以限定文本域显示的宽度；设置"最大字符数"的值，可以限制用户输入的字数。

文本域的"类型"可以分为以下 3 种：

（1）单行：只允许输入单行文本。

（2）密码：用于输入密码，在该框中输入的字符都显示为星号。

（3）多行：可以输入多行文本，并且滚动显示。

- 单选按钮：单选按钮是只可以取其一的按钮，在一组按钮内只能选取一个按钮。要设置单选按钮的初始状态，可选取"已勾选"或"未勾选"。

- 复选框：复选框就是在一组选项中允许选取多个选项。设置复选框的属性，可以在选中复选框之后，在"复选框名称"下面的文本域中输入复选框的名称。

注意　复选框的名称不能相同，这一点和单选按钮刚好相反。

要设置复选框的初始状态，可选取"已勾选"或"未勾选"。

- 列表/菜单：弹出（下拉）菜单和列表都列出了一组用户可以从中选择的值。弹出菜单和列表对象都有一些区别的。弹出菜单只允许单项选择，而列表框则可选取多项。

设置【列表/菜单】的属性，可以在选中【列表/菜单】之后，在【列表/菜单】下面的文本域中输入【列表/菜单】的名称。【高度】（仅"列表"类型）可设置菜单中显示的项数。【选定范围】（仅"列表"类型）指定用户是否可以从列表中选择多个项。

- 按钮：按钮可以执行提交或重置表单的标准任务，也可以执行自定义功能。在插入时可以设置自定义按钮标签或使用预先定义的标签。

- 跳转菜单:跳转菜单弹出的菜单选项具有跳转到其他网页的功能。使用跳转菜单可直接跳转至网页及图像等文件。
- 图像域:在表单中插入一个图像。使用图像域可生成图形化按钮,如【提交】或【重置】按钮。
- 文件域:文件域可以使用户浏览到其计算机上的某个文件并将该文件作为表单数据上传。文件域的外观与其他文本域类似,但文件域还包含一个【浏览】按钮。用户可以手动输入要上传的文件的路径,也可以使用【浏览】按钮定位并选择该文件。

拓展和提高

验证表单

在插入各个表单元素之后,还需要设置表单的输入规则(验证表单)以及指定表单的处理程序。在以往版本的软件中,我们如果要实现表单验证有两种途径:一种是使用Dreamweaver内置的"检查表单"动作可以帮助用户对输入的结果进行验证;另一种是借助其他表单验证插件来实现。

思考与练习

1. 简述创建表单的基本步骤。
2. 举例表单各元素的作用。

项目实训　　自我介绍的个人网站制作

【项目描述】

学会使用网页软件进行个人网站的制作,能设计制作一个自我介绍的小网站。

【项目要求】

1. 使用 Dreamweaver 设计网站。
2. 能丰富网页中的各种元素。

【项目提示】

在进行网站制作之前请先收集相关需要的素材。

【项目评价】

项目评价具体如表 3-1、表 3-2 所示。

表 3-1 项目实训评价表

	内　容		评　价		
	学习目标	评价项目	3	2	1
职业能力	使用软件设计整个网站结构	能设计和管理站点			
		能使用表格布局网页			
	设计丰富网页元素	制作文本和图像网页			
		制作网页超级链接			
		制作表单网页			
通用能力	创新能力				
	排版设计能力				
综合评价					

表 3-2 评价等级说明表

等　级	说　明
3	能高质、高效地完成此学习目标的全部内容,并能解决遇到的特殊问题
2	能高质、高效地完成此学习目标的全部内容
1	能圆满地完成此学习目标的全部内容,不需任何帮助和指导

单元四
网页制作高级技巧

　　在网页制作过程中,虽然各个网页内容不同,但在网页制作的风格,排版上要有同性。框架网页、CSS 样式是非常重要的一项技术。

　　单元主要任务:根据用户定制框架网页,设置相应的 CSS 样式表。学会使用行为制作简单的交互式网页,如制作导航菜单或按钮等。

单元内容提示

- 制作框架网页
- 制作 CSS 样式表
- 在网页中使用行为
- 制作网页模板和库

任务一　框架网页的制作

任务描述

公司发展迅速,原有的一页式广告网页无法满足公司发展的需要。公司希望制作一个网页,左边导航菜单能够固定,而页面中间的信息可以上下移动,方便访问网站的客户可以更多地了解公司情况。

任务分析

如果一个网页的左边导航菜单是固定的,而页面中间的信息可以上下移动,一般这就可以被认为是一个框架型网页。此外,框架型站点的模板在其页面上方要放置公司的标志(logo)或图片。不过这一块位置也是固定的。而页面的其他部分则可以上下左右移动。框架型站点模板还要在其固定区域中放入链接或导航按钮。

方法与步骤

1. 新建网页

(1) 建立文件夹"xin126",在"xin126"文件夹下建立文件夹"image"。

(2) 在"xin126"文件夹下创建网页文件"01. html"。

(3) 创建 3 个网页文档,分别为"top. html""left. html""main. html"。

2. 创建框架

在创建框架集或使用框架前,为使框架在文档窗口可见,需要设置显示框架边框,设置方法是:在 Dreamweaver CS 4 主窗口中,单击菜单【查看】|【可视化助理】|【框架边框】,若【框架边框】前有小勾说明已显示;反之,是取消显示。

创建框架的步骤如下:

(1) 打开网页文档"01. html"。

(2) 显示框架的边框线。

(3) 在【插入】|【布局】选项卡中单击【框架】按钮,弹出如图4-1-1所示的下拉菜单,在弹出的下拉菜单中选择【顶部和嵌套的左侧框架】。

(4) 保存网页文档"01. html"。

3. 选择框架集和框架

(1) 选择框架集。选择框架集通常有两种方法:

① 在 Dreamweaver CS 4 主窗口中,单击菜单【窗口】|【框架】或按组合键【Shift】+【F2】,打开【框架】面板,在面板中单击框架

图 4-1-1 【框架】下拉菜单

的外层边框即可选中框架集。

② 在包含框架的网页文档中,将鼠标指向框架最外的边框线,当鼠标变成双向箭头形状时,单击鼠标左键即可选中框架集,如图 4-1-2 所示。

（2）选中框架。选择框架通常有两种方法:

① 按住【Alt】键,在框架内部单击某个框架,即可选中框架。

② 在【框架】面板中单击某个框架,即可选中框架。

4. 设置框架集、框架的属性

框架集和框架都有自身的属性面板,选中框架集或框架后可在其属性面板中对其属性进行设置。

（1）设置框架大小。将鼠标放到框架边框上,出现双箭头光标时拖拽框架边框线,可以调整各个框架区域的大小。如图 4-1-3 所示。

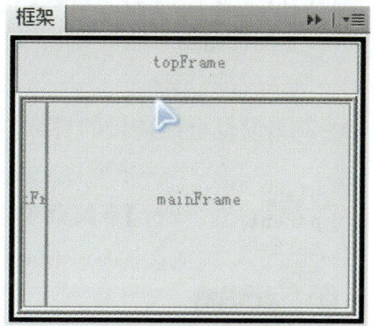

图 4-1-2　选中框架集

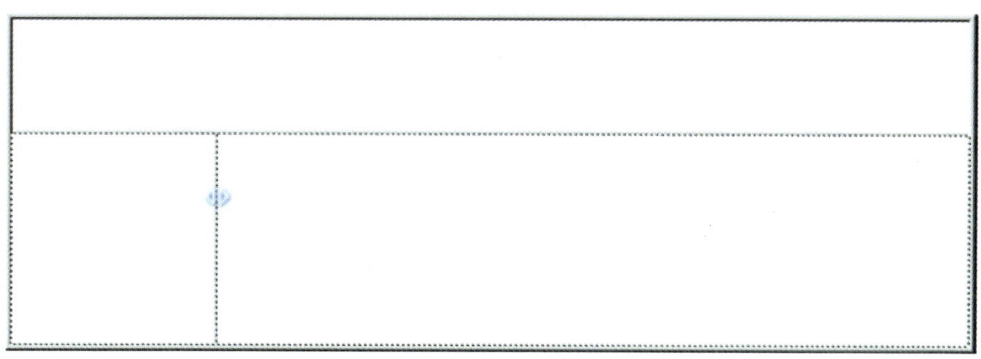

图 4-1-3　设置框架大小

（2）设置框架集、框架的属性。具体表述如下:

① 框架集属性设置。选中整个框架集后,可在设计窗口的下方看到如图 4-1-4 所示的"框架集"属性面板,用户可在其中设置框架集的属性。

图 4-1-4　【框架集】属性面板

② 框架集属性设置。选中某个框架后,在设计窗口的下方可看到"框架"属性面板,用户可在其中设置框架的属性。

（3）设置框架源文件。设置框架源文件的步骤是:

① 打开【框架】面板,选中【框架】。

② 在【框架】属性面板的【源文件】文本框中输入源文件的文件路径和文件名或单击按钮,在弹出的【选择 HTML 文件】对话框中选择文件。在这里分别设置框架"topFrame l""eftFrame""mainframe"的源文件为"top. html""left. html"和"main. html"。

③ 保存网页。

（4）设置框架链接的目标。在框架式网页中制作超级链接的方法和普通网页一致,但一定要注意设置链接的目标属性,为链接的目标文档指定显示窗口。【目标】下拉菜单中有多个选项,如图 4-1-5 所示,其各选项的作用说明如下。

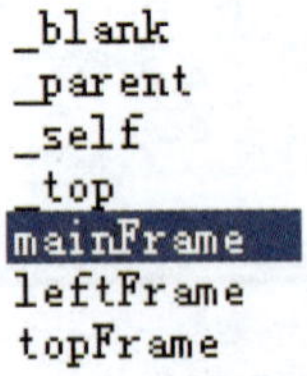

```
_blank
_parent
_self
top
mainFrame
leftFrame
topFrame
```

图 4-1-5 【目标】下拉菜单

- _blank:链接的网页在新窗口中打开。
- _parent:链接的网页在父框架集或包含该链接的框架窗口中打开。
- _self:链接的网页在当前框架中打开。
- _top:链接的网页在最外层的框架集中打开。

在保存有框架名为 mainFrame、leftFrame、topFrame 的框架后,在目标下拉菜单中,还会出现 mainFrame、leftFrame、topFrame 选项:

- mainFrame:链接的网页在名为 mainFrame 的框架中。
- leftFrame:链接的网页在名为 leftFrame 的框架中。
- topFrame:链接的网页在名为 topFrame 的框架中。

5. 保存框架

使用包含框架的网页,必须先对框架集文件和框架进行保存。

（1）保存框架集。其步骤是:

① 选中整个框架。

② 在 Dreamweaver CS 4 主窗口中,单击菜单【文件】|【框架集另存为】或【保存全部】,在弹出的【另存为】对话框中选择保存位置,并输入文件名,最后单击【确定】按钮,完成框架集的保存。

（2）保存框架。其步骤是:

① 选中需要保存的框架。

② 在 Dreamweaver CS 4 主窗口中,单击菜单【文件】|【保存框架】或【保存全部】,在弹出的【另存为】对话框中选择保存位置,并输入文件名,最后单击【确定】按钮,完成框架的保存。

相关知识与技能

使用框架的网页无法被使用网络蜘蛛（spiders）或网络爬虫（crawlers）的搜索引擎（如Google）正确索引。

在一个框架网页的后台代码中,一般能够看到的是网页的标题标记（MetaTitle）、描述标记（MetaDescription）、关键字标记（MetaKeywords）及其他原标记（MetaTags）,同时还会看到一个框架集标记（FramesetTag）。框架中的内容在后台代码中是无法被体现的,而对于那些主要搜索引擎的搜索程序来说,如 Google 的 GoogleBot 和 Freshbot,其设计思路都是完全忽略某些 HTML 代码,转而直接锁定网页上的实际内容进行索引。这样一来,网络蜘蛛在那些一般性的框架网页上根本找不到要搜索的内容。这是由于那些具体内容都被放到我们称为"内部网页"中去了。

拓展和提高

如果一个网页的左边导航菜单是固定的,而页面中间的信息可以上下移动,这一般就可以认为是一个框架型网页。

框架网页的类型有如下几种。

1. Elements CSS Frameworks

Elements 是一个实用的 CSS 框架。它是为了帮助设计师更快更高效地来写 CSS 而建立。Elements 已经超越了仅仅作为一个框架,它有自己的项目工作流,它拥有你完成项目所需的所有东西,这也让你和你的浏览者感到愉悦。

2. YUI Grids CSS

基本的 YUI 网格 CSS 提供 4 种预设页宽、6 种预设模板和再分为 2、3、4 卷区块的功能。这个 4KB 的文件可提供超过 1 000 种页面布局组合。

3. YAML CSS Framework

Dirk Jesse 强大的(X)HTML/CSS 框架为许多的简单或复杂的网站项目提供完整的默认模板包。YAML 基于网页标准并支持所有现代浏览器。所有的 Internet Explorer 的主要渲染漏洞都被解决。YAML 完全支持从 5.x 到 7.0 的所有的 IE 版本。

4. Blueprint CSS

Blueprint 是一个 CSS 框架,它的目的是减少 CSS 开发时间。它提供一个可靠的 CSS 基础去创建项目,BP 由一个易用的网格、合理的布局和一个打印样式组成。

5. Schema Web Design Framework

Schema 是一个为了提供在重复的设计任务中必需的 CSS 和 HTML 标签而设计的表现层的网页框架设计。与为每一个新的网站项目从零开始创建 HTMl/CSS 不同,Schema 提供必要的基础来开始并立马让你的设计跑起来。

6. CleverCSS

CleverCSS 是一个用于 CSS 的受 Python 启发的小型标记语言,它可用于以整洁的和结构化的方式创建一个样式表。在很多方面它都比 CSS 2 整洁和强大。与 CSS 最明显的区别是句法,它基于缩进而且不单调。虽然这显然违反了 Python 的规则,它依然是组织样式的很好的主意。

7. Tripoli CSS Framework

Tripoli 是一个用于 HTML 表现的通用 CSS 规范。通过重设和重建浏览器标准,Tripoli 为网站项目提供了一个标准的、跨浏览器表现的基础。

8. ESWAT Web Project Framework

ESWAT 正在重新整理。如果你是冲着网站框架来的,那么你就可以在这里下载。

9. Boilerplate CSS Framework

BluePrint CSS 的原作者之一,决定把思想重新整理到一个赤裸裸的框架,它提供最基本的要素来开始任何项目。这个框架将是较小的而且力求不使用非语义的命名习惯。

10. WYMstyle CSS Framework

这个项目的目的是提供一组经过良好测试的模块化的 CSS 文件,能够用于网站的快速设计。WYMstyle 是一组 CSS 文件,你可以很容易地组合这些文件来快速地创建你的网站的布局。通过提供可靠的、经过良好测试的 CSS 模块,WYMstyle 力求让每个网站防止枯燥的跨浏览器兼容性测试。

11. Content with style Framework

下一个逻辑步骤就是将这个扩展为 CSS 框架,允许使用写好并通过测试的组件来快速开发网站。实际上所需的是搞定一套命名习惯和一个灵活的基本模板。

12. Logicss Framework

Logic CSS 框架是用来减少开发符合 web 标准的 xHTML 布局的时间的一个由 CSS 文件和 PHP 程序组成的集合。通常跨浏览器表现行为(不是 Meyer 的 reset 文件或是用"＊"),排版支持文本字体大小调整(使用 EMs)和垂直居中,符合可定义的灵活的布局网格利用 CSS 代码生成工具。

思考与练习

利用素材库文件夹"网页设计制作员素材"内的"kj 文件夹"中的网页文件,参照样张"kj. bmp",完成框架网页以及设置网页过渡页面的制作,具体操作内容如下:

(1) 使用 Dreamweaver 创建"留言板"站点。

(2) 依据效果图样张"kj. bmp"创建一个"main. htm"目录框架网页,左侧的页面命名为"left. htm",右侧的页面命名为"right. htm",并制作不同的网页过渡效果。

［操作要求］

(1) 在指定位置建立文件夹,并在其下建立 1.1.2 子目录,将所有操作结果保存至该文件夹下。创建一个"main. htm"目录框架网页,左侧的页面命名为"left. htm",右侧的页面命名为"right. htm"。

(2) left. htm 网页使用素材库中的 index. css 样式表链接。

(3) 框架网页的边框不显示。

(4) 在 Right. htm 网页中插入素材库中的"right. jpg"图片。

(5) 制作名为"1. htm""2. htm""3. htm"的网页,分别插入素材库中的"1. jpg""2. jpg""3. jpg"3 张图片。

(6) 在 left. htm 页面设立 4 行文字链接,分别是"主页"链接到"right. htm";"图片 1"链接到"1. htm";"图片 2"链接到"2. htm";"图片 3"链接到"3. htm"。

(7) 为"right. htm"以及"1. htm""2. htm""3. htm"分别制作不同的网页过渡效果。

任务二　制作 CSS 样式表

任务描述

网页改版后公司业务迅速增长,客户不断增加。公司根据发展的需要,希望制作一个注册网页,同时统一各个页面的版式,使网页能有一个统一的主题风格,提高网站的美观度,并方便管理客户信息。

任务分析

统一各个页面的板式,使网页能有一个统一的主题风格可以使用 CSS 样式表来完成。

CSS 是 Cascading Style Sheet 的缩写。译为"层叠样式表单"。是用于(增强)控制网页样式并允许将样式信息与网页内容分离的一种标记性语言。通过定义不同内容的 CSS 样式进行套用,然后可以使不同网页具有相同的排版格式。

参照样张"1.1.2.1.bmp"(如图 4-2-1 所示),完成页面的制作,具体内容如下:

图 4-2-1　样张 1.1.2.1.bmp

（1）使用 Dreamweaver 创建"留言板"站点。

（2）参照效果图样张"1.1.2.1.bmp"创建留言板网页布局表格。

（3）参照效果图样张"1.1.2.1.bmp"在表格第 1 行制作留言板头部分。

（4）参照效果图样张"1.1.2.1.bmp"编辑表格第 2 行。

（5）参照效果图样张"1.1.2.1.bmp"在表格第 3 行制作"请在此留言"部分。

（6）参照效果图样张"1.1.2.1.bmp"完成留言板的制作，并保存结果。

方法与步骤

（1）将素材库文件夹"1.1.1.2"复制到站点文件夹中的 1.1.1 目录中。

打开 Dreamweaver CS 4 软件，点击站点/新建站点/高级（站点名称："1.1.1.2"、本地根文件夹："1.1.1.2"目录、图像文件夹："images"目录），最后点击【确定】按钮。

（2）在站点中双击"zc.html"文件，按图 4-2-2 中提示，完成红线区域内的图片和背景制作。

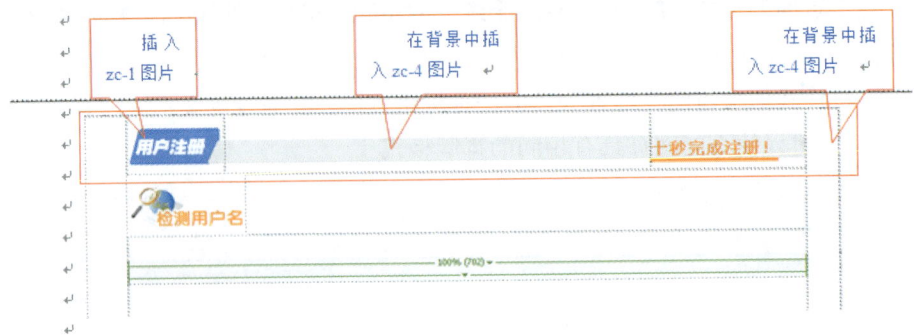

图 4-2-2　插入图片

（3）按图 4-2-3 的提示，输入文字"十秒完成注册！"（黑体）。新建 CSS 规则（选择器类型：类；名称：.t1；定义在：新建样式表文件），保存在新建的 style 文件夹中（文件名为：t1），（见图 4-2-4）。设置 CSS 规则定义［类型；大小：20；粗细：特粗；颜色：FF6600。边框：样式：上左右为无、下为实线；宽度：中；颜色：FF6600）/确定（见图 4-2-5、图 4-2-6、图 4-2-7）］。选定文字应用 CSS 规则（如图 4-2-7）。

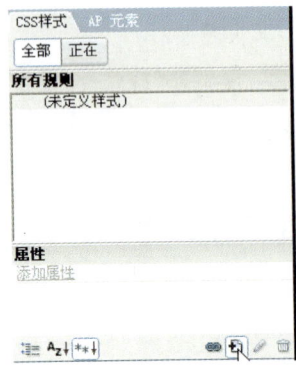

图 4-2-3　CSS 样式

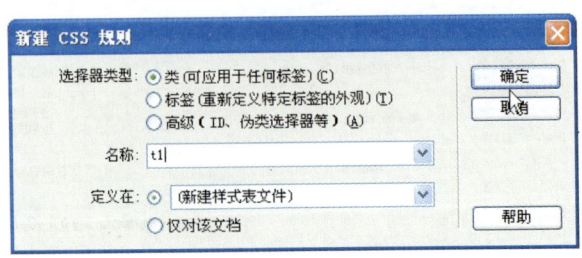

图 4-2-4　新建 CSS 规则

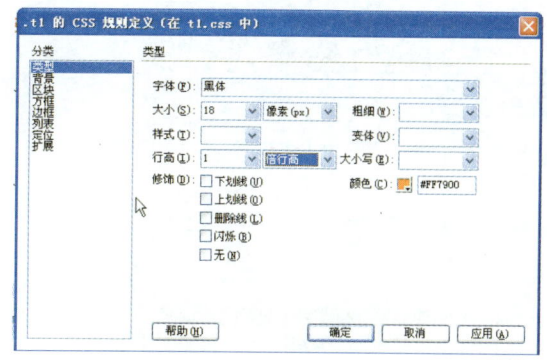

图 4-2-5　CSS 规则定义

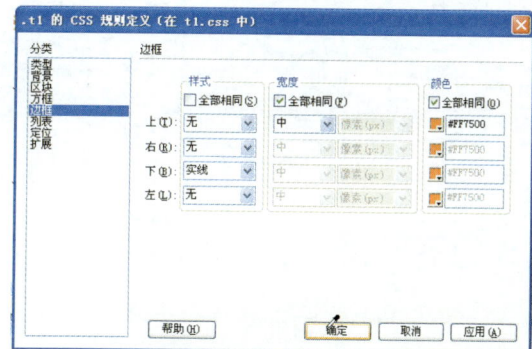

图 4-2-6　CSS 规则定义

图 4-2-7　属性

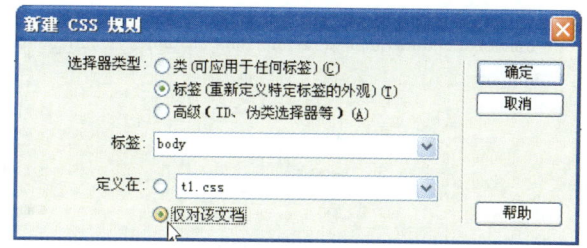

图 4-2-8　新建 CSS 规则

（4）新建 CSS 规则选择器类型：标签；标签：body；定义在：仅对该文档类型；大小：12；行高：2 倍行高。最后单击【确定】按钮，即完成，如图 4-2-8 所示。

（5）在"检查用户名"下面的单元格中嵌套一个 1 行 2 列的无边框表格（如图 4-2-9 所示）/输入文字和插入表单文本域（不要添加表单标签）。

（6）新建 CSS 规则（选择器类型：类；名称：.t2；定义在：新建样式表文件）/保存在新建的 style 文件夹中（文件名 t2）/设置 CSS 规则定义（边框：样式全部为实线；宽度：1 像素；颜色：浅灰色）/确定/选中表格应用 CSS 规则（t2）。

（7）在图 4-2-10 红色区域下方的单元格中插入 2 行 1 列的无边框表格，在第 1 行中输入"提示：你可以先检查你想要的用户名是否已被人注册"文字并居中。第 2 行中插入表单按钮（不要添加表单标签）并将它的属性值改为"检查会员名是否可用 "，动作：无，居中。

（8）在"填写信息"下方的单元格中嵌套一个 8 行 3 列的无边框表格，并输入文字和插入表单，不要添加表单标签（见图 4-2-10），按图中提示序号依次操作。

① 输入"带 * 的为必填项"文字（共有 2 处）/在属性中垂直：底部。

② 嵌套一个 8 行 3 列的无边框表格/在属性中类：.t2。

③ 在各单元格中输入文字和各种表单/文本域的字符宽度为 20/输入列表/菜单的列表值。

④ 选中 8 行 3 列的表格（table）/在属性中填充改为 5。

⑤ 选中"推荐：QQ 邮箱"/在属性中链接：http://mail. qq. com/选中 sogou 邮箱/在属性中链接：http://mail. sogou. com。

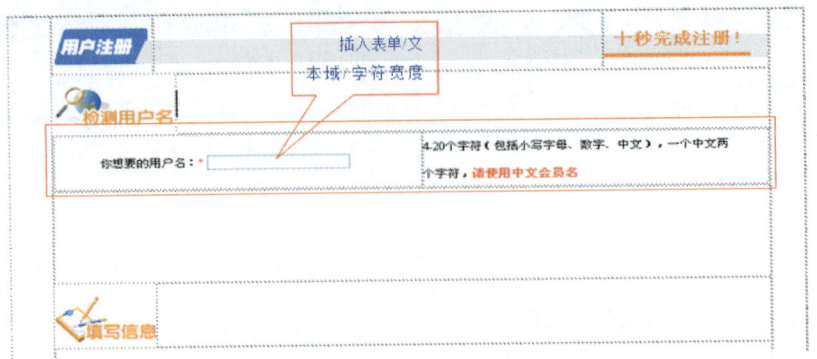

图 4-2-9　嵌套无边框表格

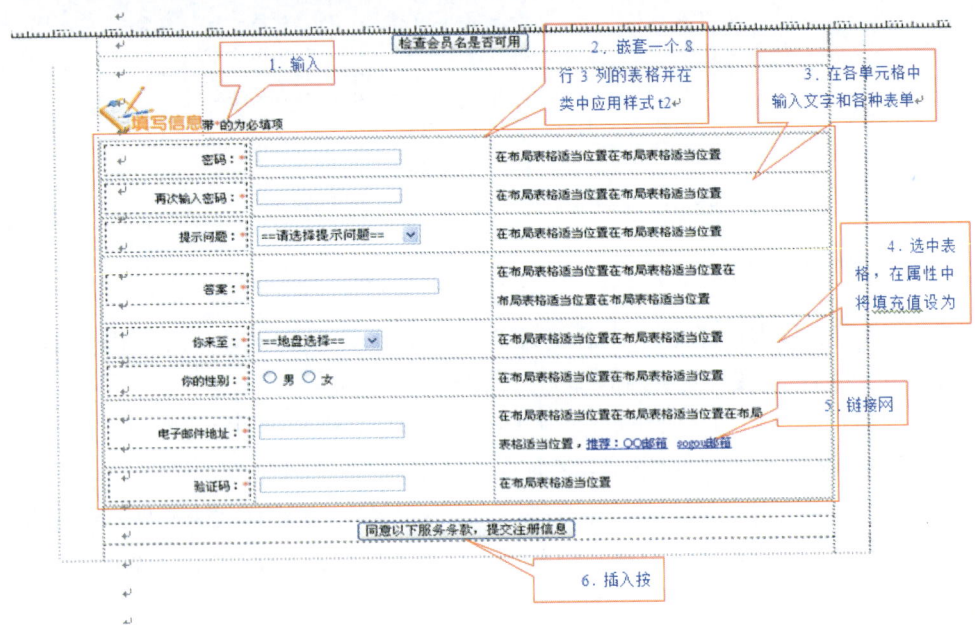

图 4-2-10　嵌套无边框表格

(9) 插入按钮/在属性中修改值:同意以下服务条款,提交注册信息。

(10) 保存。

相关知识与技能

一、什么是 CSS

　　CSS 是 Cascading Style Sheet 的缩写,有些书上把它译为"层叠样式单"或"级联样式单"(下文简称"样式单"),在 1997 年 W3C 颁布 HTML4 标准的同时也公布了有关样式单的第一个标准 CSS1。样式单是对以前的 HTML(3.2 以前的 HTML 版本)语法的一次重大革新,以前的 HTML 版本中,各种功能的实现是通过标记元素实现的,这也造成了各个浏览器厂商为了标新立意创建各种只有自家支持的标记,各种标记互相嵌套,就可以达到不同的效

果,比如要在一段文字中把一部分文字变成红色,HTML 3.2 中应该是这样的:

〈p〉〈font color＝red〉这里显示红色字〈/font〉〈/p〉

而在样式单中,把某些标记(如上例中的"font"标记)属性化,利用样式单,上例可以变成:

〈p style＝"color:red"〉这里显示红色字〈/p〉

这就是样式单的全部功能吗? 远远不是! 前面说过样式单是 DHTML 的一部分,建立样式单的真正意义在于把对象真正引入了 HTML,使得可以使用脚本程序(如 Javascript、VBScript)调用对象属性,并且可以改变对象属性,达到动态的目的,这在以前的 HTML 中是无法实现的,如果你使用过如 VB 等面向对象的编程工具,你会更快地发现,用样式单做 DHTML 是多么容易。样式单的另一项贡献是简化了 HTML 中各种繁琐的标记,使得各个标记的属性更具有一般性和通用性,并且样式单扩展了原先的标记功能,能够实现更多的效果,样式单甚至超越了 Web 页面的本身显示功能,而把样式扩展到多种媒体上,显示了难以抗拒的魅力。

样式单自从 CSS1 的版本之后,又在 1998 年 5 月发布了 CSS2 版本,样式单得到了更多的充实。Internet Explorer4 和 Netscape Navigator4 都宣传支持样式单,但从各方面来看 IE4 的效果都要超过 NE4,这是因为 IE4 和 NE4 的 Javascript 文档模型(DOM)不同而造成的,从表面看,两者的模型区别不大,但实质上却是大相径庭,IE4 的模型能够更加容易地把动态效果引入 Web 页面,虽然现在 IE4 的模型只有微软自己支持,但它却已被清楚地写入了 W3C 的 DHTML 标准;而 NE4 的样式单并不能通过脚本调用对象的属性,说的不好听一点,它的样式单只是徒有其表罢了(Netscape 公司自己开发了一种样式单称作 JSSS,它利用 Javascript 来定义样式,但是并没有得到 W3C 的承认)。

二、进一步了解样式单

Cascading Style Sheet 中的 Cascading 是"层叠"的意思,也就是说在同一个 Web 文档中可以有多个样式单存在,这些样式单根据所在的位置,拥有不同的优先级,优先级越高,就会被最后在显示时采用。从样式单插入的形式来看可以分为 3 种:

内联式样式单:它利于现有的 HTML 标记,把特殊的样式加入那些由标记控制的信息中,比如刚才的例子。

嵌入式样式单:它和 Javascript 一样可以嵌入 HTML 文件的头部中去(〈html〉和〈body〉标记之间),使用〈Style〉和〈/Style〉容器装载,例如:"〈style〉p {color : red ; font－weight : bold} 〈/style〉",这样会对页面中所有〈p〉标记都起作用。

外部式样式单:是一种保存在外部的样式单文件,外部文件以. CSS 为扩展名,例如"〈link rel＝stylesheethref＝"main－sheet. css" type＝"text/css"〉"。

在应用时可以根据需要随意运用以上 3 种方式,但在实际中内联式样式单和嵌入式样式单使用得更多一些。

拓展和提高

样式单有自己独特的书写方法,掌握了它的语法特征,再了解它的各种属性,那么你会发现在 Web 页面中运用样式单会是多么轻松。例如有一个最简单的 HTML 文档:

```
〈html〉
〈body〉
〈p〉Text goes here…〈p〉
〈/body〉
〈/html〉
```

我们可以用嵌入式样式单规定样式。

```
〈html〉
〈style〉
〈! --
p {color：red；font-weight：bold}
-->
〈/style〉
〈body〉
〈p〉这里显示红色字〈/p〉
〈/bdoy〉
〈/html〉
```

可以看到,在这个文档里,多了"Style"标记,之间用〈! --………--〉注释,以防止不能识别样式单的低版本浏览器把样式单当作内容显示出来,然后是关键的一句：

p {color：red；font-weight：bold}

这整行称为一个声明(Statement),在样式单中,声明分为两种：一种是像这样的,叫做"rule set",另一种则称为"at-rule"。

At-rule 以"@"作为关键字,放在元素的最前面,at-rule 通常用来对媒体(Media)的声明,并且如果对同一个 at-rule 进行声明,那么只有位置靠前的会起到作用,如：

@import "subs. css"

H1

@import "list. css"

后一个 at-rule 无效。

而 rule set 就像我们前面看到的样子了,它由几个部分组成,其中包括选择器、属性和属性值。一般的书写是这样的：

Selector1 {property1：value1； property2：value2；…}

Selector2 {…}

其中,刚才例子中的"p"代表段落标记元素,为选择器,"{}"为一个块(Block),表示对标记属性的声明(Declaration),有多个属性的时候使用";"隔开,属性在样式单中的一般表示方法是前面是一类属性的名称,后面是具体属性的名称,中间用"-"隔开,而在脚本中使用属性的时候,则把"-"去掉,并把第二部分的开头字母大写。属性值的表示可以使用 10 进制,16 进制数值(如♯FFFFFF),百分数(如 100％),字符串,URL[如 url(http：//www. mysite. com)]和 RGB[如 rgb(255，255，255)]等多种方式表示。下面我将对其中的重点部分进行更详细的解释。

思考与练习

1. 利用素材库文件夹"网页设计制作员素材\1.1.2"内的"1.1.2.2文件夹"中的网页文件,参照样张"1.1.2.1.bmp",完成页面的制作,具体操作内容如下:

(1) 使用 Dreamweaver 创建"留言板"站点。

(2) 依据效果图样张"1.1.2.1.bmp",创建留言板网页布局表格。

(3) 参照效果图样张"1.1.2.1.bmp",在表格第1行制作留言板头部分。

(4) 参照效果图样张"1.1.2.1.bmp",编辑表格第2行。

(5) 参照效果图样张"1.1.2.1.bmp",在表格第3行制作"请在此留言"部分。

(6) 参照效果图样张"1.1.2.1.bmp",完成留言板的制作,并保存结果。

2. 操作要求。

(1) 在指定位置建立文件夹,并在其下建立1.1.2子目录,将所有操作结果保存至该文件夹下。

(2) 使用 Dreamweaver 创建"留言板"站点,具体要求如下:

① 使用 Dreamweaver 在指定保存位置创建"message 2.2"站点文件夹。

② 复制未全部完成的留言板网页素材库文件夹"1.1.2.2"内的网页 html 文件及图片至"留言板"站点文件夹目录。

(3) 依据效果图样张"1.1.2.1.bmp",创建留言板网页布局表格,具体要求如下:

用 Dreamweaver 编辑"message.html",按效果图样张,在布局表格相应单元格内嵌套一个3行1列,宽度为640像素的表格。

(4) 参照效果图样张"1.1.2.1.bmp",应用 CSS+DIV 技术,在表格第1行制作留言板头部分,具体要求如下:

① 在相应单元格内嵌套一个 id 和名称均为"message_top"的 div 标签。

② 在 css.css 中为 div 标签"message_top"定义一个 CSS 样式。要求设置字体属性为:宋体、14像素、2倍行高、白色;背景颜色为:绿色(#64C31F);边框为:1像素的深绿色(#287700)实线。

③ 在 div 标签内输入文本"留言板",并居中对齐。

(5) 参照效果图样张"1.1.2.1.bmp",编辑表格第2行,具体要求如下:

在表格第2行内插入水平线。

(6) 参照效果图样张"1.1.2.1.bmp",应用 CSS+DIV 技术,在表格第3行制作"请在此留言"部分,具体要求如下:

① 在相应单元格内嵌套一个 id 和名称均为"message_main"的 div 标签。

② 在"message_main"div 标签内嵌套一个2行1列宽度为100%的表格。

③ 为"message_main"div 标签在 css.css 中定义一个 css 类。要求设置:文本属性为:宋体、12像素、1.5倍行高、深绿色(#287700);背景颜色为:浅绿色(#DEF1B1);边框样式从效果图判断,粗细为1像素、深绿色(#287700)。

④ 在嵌套表格的第 1 行输入文本"请在此留言",居中显示。

⑤ 在嵌套表格的第 2 行,再嵌套一个 5 行 3 列,宽度为 100% 的表格。

(7) 参照效果图样张"1.1.2.1.bmp"完成留言板的制作,并保存结果,具体要求如下:

① 表单名:messageForm,表单操作:save.aspx,method:post。

② "您的大名"表单域名称:yourname,类型:text。

③ "QQ"表单域名称:qqno,类型:text。

④ "来自"表单域名称:fromcity,类型:text。

⑤ "邮箱地址"表单域名称:mailbox,类型:text。

⑥ "性别"表单域名称:sex,类型:select,选项:保密、男、女。

⑦ "主页"表单域名称:webpage,类型:text。

⑧ "内容"表单域名称:messageinfo,类型:textarea。

图 4-2-11　样张

任务三　在网页中使用行为

任务描述

公司网页已初步成型,为提高公司的高科技形象,希望网页的元素能更丰富,不再是停留在原始的以平面文字为主的网页,希望加入菜单、按钮等元素提高网站品质,吸引更多的客户浏览网站。

任务分析

网页制作中提高网页访问亲和力的常用手法有制作动态菜单、按钮等,这些都是通过行为来完成的。首先,了解可附加行为常见网页元素,掌握行为触发的条件有哪些,其次,为网页设计行为事件。

行为就是对网页元素所实施的动作。比如,网页表单中的提交按钮、交换图像和改变对象属性值等。

方法与步骤

(1)在站点文件夹下新建目录1.4.3/将素材库s:\1.4.3\下的文件全部复制到站点文件夹\1.4.3目录下/用Dreamweave CS 4打开menu.html文件。

(2)插入图片(r:\考生文件夹\1.4.3\images\1024.jpg)/对图片设置空链接,并将其属性的边框值设为0。

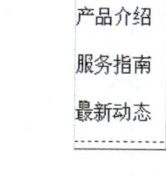

(3)在图片的右边绘制布局中的【AP Div】中输入"公司介绍""产品介绍""服务指南""最新动态",分别对4条菜单做空链接。效果如图4-3-1所示。

图 4-3-1 效果图

(4)选中图片,单击【添加行为】|【显示—隐藏元素】,单击【显示】|【确定】,将动作修改为"onMouserOver"。【添加行为】|【显示—隐藏元素】,单击【隐藏】|【确定】,将动作修改为"onMouserOut"。如图4-3-2所示。

(5)选中【AP Div】|【添加行为】|【显示—隐藏元素】,单击【显示】|【确定】,将动作修改为"onMouserOver"。【添加行为】|【显示—隐藏元素】。单击【隐藏】|【确定】,将动作修改为"onMouserOut"。单击【保存】。如图4-3-3、图4-3-4、图4-3-5所示。

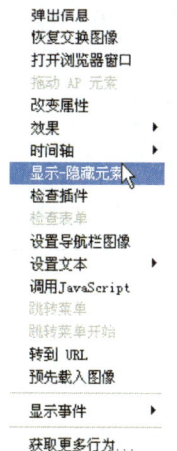

图 4-3-2 【添加行为】   图 4-3-3 【显示—隐藏元素】

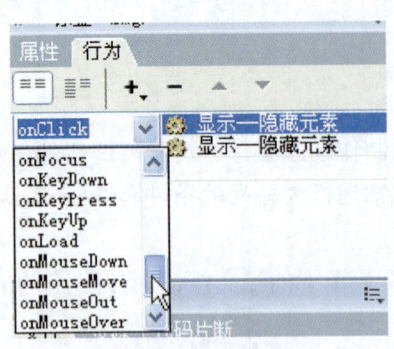

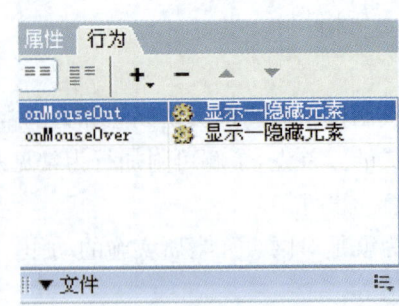

图 4-3-4 【行为】设置   图 4-3-5 【行为】设置

相关知识与技能

常见行为及功能描述详见表 4-3-1。

表 4-3-1　　　　　　　　　　常见行为及功能描述

行为名称	功　能　描　述
调用 JavaScript	制定当事件发生时,执行自定义的函数或 javascript 代码
改变属性	改变某个对象的属性,如 div 的背景颜色或表单的动作等
检查浏览器	根据用户所使用的浏览器类型和版本将它们转入不同的页面
检查插件	检查用户是否安装了某个插件,然后决定是否将它们转到其他页面
控制 shockwave 或 swf	控制 shockwave 或 swf 文件的播放、停止、后退或转到文件中的某一帧
拖动 AP 元素	允许用户拖动绝对定位的 AP 元素,以实现某些特殊的效果。使用此行为可创建平板游戏、滑块空间和其他可移动的界面元素
转到 url	可在当前窗口或指定的框架中打开一个新页面。此行为适用于通过依次单击更改两个或多个框架的内容
跳转菜单	使用此行为可编辑现有的跳转菜单
播放声音	控制声音的播放,如每次鼠标划过某个链接时播放声音效果,或在加载页面时播放音乐剪辑等
弹出消息	弹出一个包含指定消息的 javascript 窗口,如警告信息,可起到提示作用
预先载入图像	可以对在页面打开之初不会立即显示的图像进修缓存
设置导航栏图像	将某个图像变为导航栏图像,还可以更改导航栏中图像的显示和动作
设置框架文本	动态设置框架的文本,并用指定的内容替换框架的内容和格式
设置容器的文本	将页面上的现有容器的内容和格式替换为制定的内容
设置状态栏文本	在浏览器左下角处的状态栏中显示指定的消息

拓展和提高

　　行为是为响应某一具体事件而采取的一个或多个动作。当指定的事件被触发时,将运行相应的 JavaScript 程序,执行相应的动作。所以在创建行为时,必须先指定一个动作,然后再指定触发动作的事件。行为是针对网页中的所有对象,要结合一个对象添加行为。

　　每个浏览器都提供一组事件,这些事件可以与"行为"面板的"动作"(＋)弹出菜单中列出的动作相关联。当 Web 页的访问者与页进行交互时(例如,单击某个图像),浏览器生成事件;这些事件可用于调用引起动作发生的 JavaScript 函数(没有用户交互也可以生成事件,例如设置页每 10 秒钟自动重新载入)。DW MX 2004 提供许多可以使用这些事件触发的常用动作。

根据所选对象和在"显示事件"子菜单中指定的浏览器的不同,显示在"事件"弹出菜单中的事件将有所不同。若要查明对于给定的页元素给定的浏览器支持哪些事件,请在您的文档中插入该页元素并向其附加一个行为,然后查看"行为"面板中的"事件"弹出菜单。如果页上尚不存在相关的对象或所选的对象不能接收事件,则这些事件将禁用(灰显)。如果未显示预期的事件,则检查是否选择了正确的对象,或在"显示事件"弹出菜单中更改目标浏览器。

如果要将行为附加到某个图像,则一些事件(例如 onMouseOver)显示在括号中。这些事件仅用于链接。当选择其中之一时,DW MX 2004 在图像周围使用 a 标签来定义一个空链接。在属性检查器的"链接"文本框中,该空链接表示为 javascript:;。如果要将其变为一个指向另一页的真正链接,您可以更改链接值,但是如果删除了 JavaScript 链接却未用另一个链接来代替它,则将删除该行为。

思考与练习

1. 利用素材库文件夹"网页设计制作员素材\1.4.4"内 Flash 文件"1.4.4.1.swf",依照要求,完成动态效果制作,操作内容如下:

(1) 使用 Dreamweaver 新建空白网页,添加素材"1.4.4.1.swf"。

(2) 在新建网页内增加"播放""停止""重放"文字链接。

(3) 使用 Dreamweaver 行为分别实现"播放""停止""重放"文字链接对"1.4.4.1.swf"的控制操作。

2. 利用素材库文件夹"网页设计制作员素材\1.4.5"内的 Flash 文件"1.4.5.1.swf",依照要求,完成动态效果制作,操作内容如下:

(1) 使用 Dreamweaver 新建空白网页,添加素材"1.4.5.1.swf"。

(2) 在新建网页内增加"检查插件"文字链接。

(3) 使用 Dreamweaver 行为分别实现"检查插件"功能。

任务四　网页模板和库的应用

任务描述

公司网站中页面越来越多,有很多页面的布局是相同的,只是具体文字或图片内容不同。采用原有的制作方式制作和管理网页工作量越来越大。希望能将这样的网页定义为模板后,相同的部分都被锁定,只有一部分内容可以编辑,避免了对无需改动部分的误操作。当创建新的网页时,只需将模板调出,在可编辑区插入内容即可。更新网页时,只需在可编辑区更换新内容即可。

任务分析

在对网站进行改版时,因为网站的页面非常多,如果分别修改每一页,工作量无疑非常之大,但如果使用了模板,只要修改模板,则所有应用模板的页面都可以自动更新。

模板就是网页的样板,它有可编辑区和不可编辑区。

不可编辑区的内容是不可以改变的,通常为标题栏、网页图标、框架结构、链接文字和导航栏等。

可编辑区的内容可以改变,通常为具体的文字和图像内容,如每日新闻、最新软件介绍、趣谈等。

库是一种特殊的 Dreamweaver 文件,可以用来存放诸如文本、图像等网页元素,这些元素通常被广泛用于整个站点,并且经常被重复使用或更新。

Dreamweaver 允许把网站中需要重复使用或需要经常更新的页面元素(如图像、文本或其他对象)存入库中,存入库中的元素称为"库项目"。

方法与步骤

一、模板的创建与编辑

(1)执行【文件】|【新建】命令,在弹出的"新建文档"对话框中,在类别列表框中选择"模板页"。

(2)模板文件保存在 Templates 文件夹中,文件扩展名为". dwt",如图 4-4-1 所示。

注意 模板不能移动到 Templates 文件夹之外,也不能将非模板文件放于 Templates文件夹中。

(3)打开"资源"面板,切换到模板子面板,如图 4-4-2 所示。

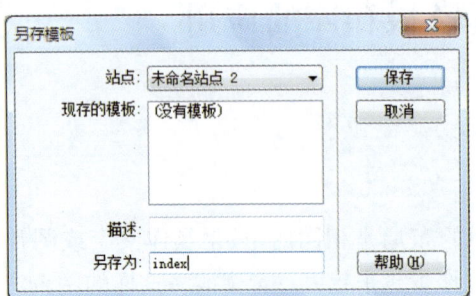

图 4-4-1 另存为面板

图 4-4-2 资源控制面板

（4）制作模板页，如图 4-4-3 所示。

图 4-4-3 模板页样张

（5）创建可编辑区域。选择【插入】|【模板对象】|【可编辑区域】命令，弹出"新建可编辑区域"对话框。在名称文本框中输入可编辑区域的名称，然后单击【确定】按钮，如图 4-4-4、图 4-4-5 所示。

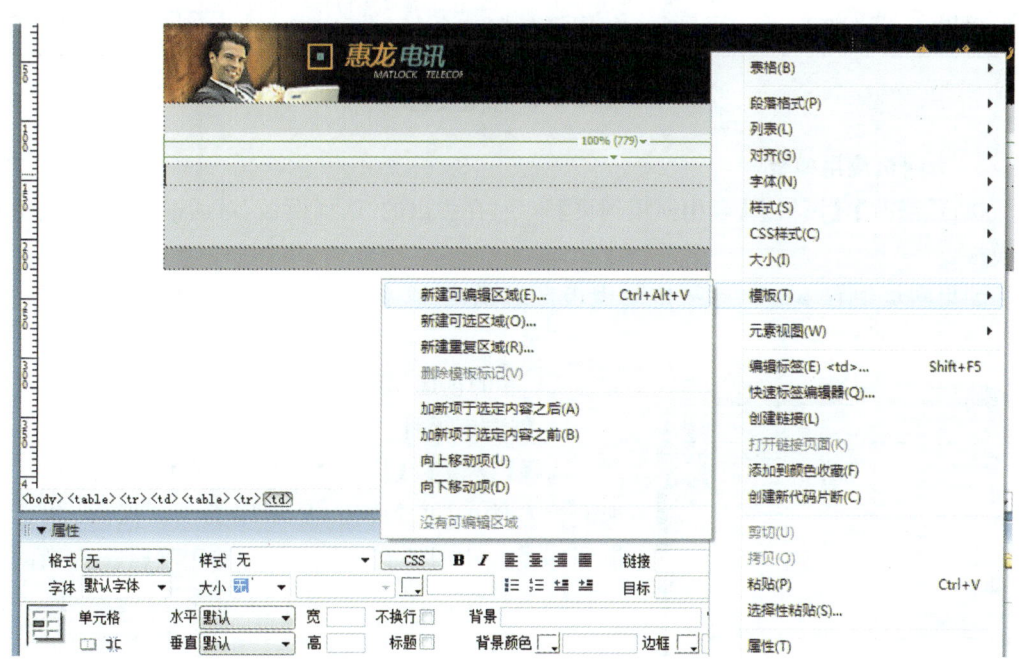

图 4-4-4 可编辑区域

二、应用模板

1. 从模板新建网页

执行【文件】|【新建】命令，在弹出的"新建文档"对话框中，选择"模板"选项卡，在"模板用于"列表框中选择所需站点，然后在右侧的列表框中选择所需的模板，单击【创建】按钮，如图 4-4-6 所示。

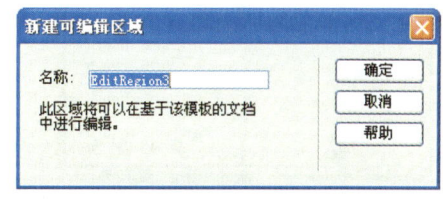

图 4-4-5 创建可编辑区域

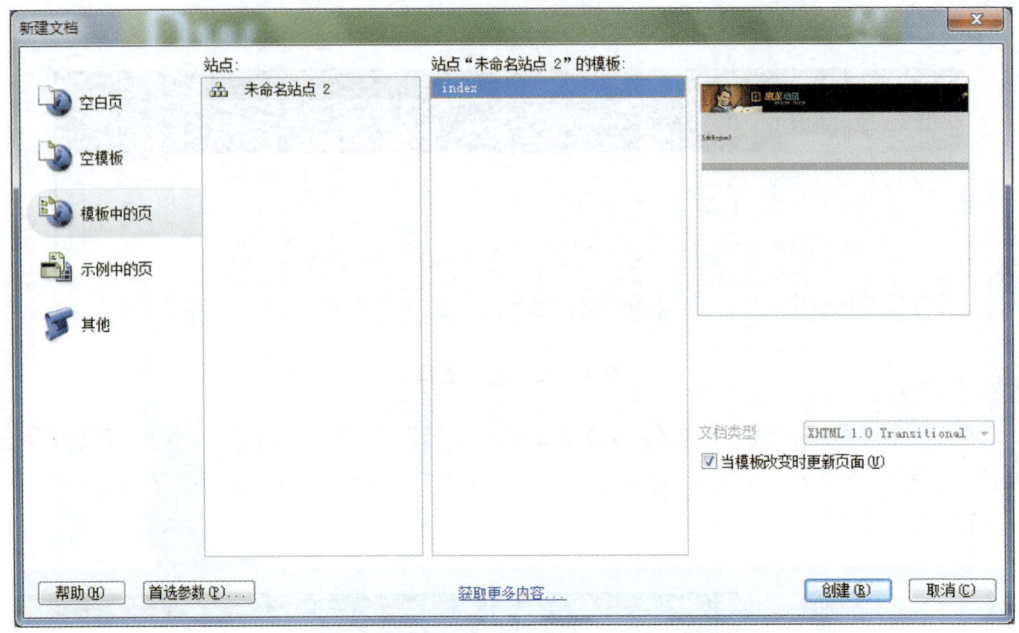

图 4-4-6　新建文档

2. 为网页应用模板

执行【修改】|【模板】|【套用模板到页】命令,在弹出的"选择模板"对话框中,选择要应用的模板。

如果网页中有不能自动指定到模板区域的内容,便会弹出"不一致的区域名称"对话框。

图 4-4-7　资源面板

三、库的创建和使用

1. 创建库项目

选择【窗口】|【资源】命令,显示【资源】面板,单击面板左侧的【库】按钮,显示库类别。然后,将元素拖到库类别中,即可创建一个新的库项目。为新的库项目输入所需名称后按回车(【Enter】)键即可,如图4-4-7所示。

库项目保存在站点本地根文件夹的"Library"文件夹中。每个库项目都保存为一个单独的文件,文件扩展名为"＊.lbi"。

2. 应用库项目

选择【窗口】|【资源】命令,显示"资源"面板,切换到库类别,在库项目列表中选择要插入的库项目,单击面板底部的【插入】按钮,即可将库项目应用到网页中。

3. 编辑库项目

显示"资源"面板的库类别,从库列表中选择要进行编辑的库项目,然后单击面板底部的【编辑】按钮,或者直接双击库项目名称,系统会自动打开一个用于编辑该库项目的窗口。

4. 更新应用库项目的页面

选择【修改】|【库】|【更新页面】命令,弹出"更新页面"对话框,选择要更新的网页范围及所需站点或模板名称,并确保选择了【更新】选项组中的【库项目】复选框,单击【开始】按钮即可更新网站。

相关知识与技能

库是一种用于放置在网页上的资源,而模板则是一种页面布局。它们有个共同点:库项目和模板都与应用它们的文档保持关联,在更改库项目和模板的内容时,可以同时更新所有与之关联的页面。模板和库的使用有利于网页风格的统一。

模板包括两个区域类型:可编辑区域、不可编辑区域(锁定区域)。

(1)可编辑区域。可编辑区域是模板中的一个特殊的区域,通过模板创建的网页在该区域中可以进行添加、修改和删除等操作。一般而言,一个模板中至少应有一个可编辑区域,否则,由模板创建的文档不能被编辑。

在创建可编辑区域时,可以将整个表格或单独的表格单元格标记为可编辑的,但不能将多个表格单元格标记为单个可编辑区域。

可以将层标记为可编辑,也可以将层内容标记为可编辑。若将层标记为可编辑,则可更改层的位置和内容;若将层内容标记为可编辑,则只能更改层的内容而不能移动位置。

① 更改可编辑区域的名称。选择可编辑区域,在属性面板的名称文本框中修改。

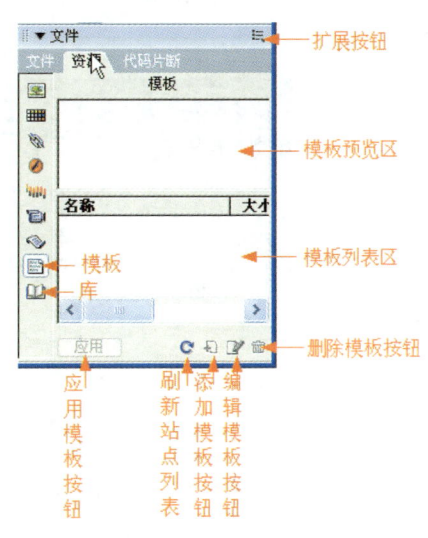

图 4-4-8　资源面板

② 锁定可编辑区域。如果已经将模板文件的一个区域定义为可编辑区域,而现在想要再次锁定它,使其为不可编辑区域:选择该可编辑区域,执行"修改/模板/删除模板标记"命令。

(2)不可编辑区域。无法进行任何编辑操作。

思考与练习

1. 制作模板文件(gsmuban.dwt),如图 4-4-9 所示。

2. 根据该模板制作 a2-1.htm(内容为"公司简介")和 a2-2.htm(内容为"支持保障")页面。

图 4-4-9　模板样张

3. 制作一个类样式 Text1，存于 ktcss.css 外部样式文件中，该类样式的作用是控制本站点下所有页面的文本格式，具体要求为字号 12，行距 25 像素，文字缩进 25 像素；同时再设置 a2-1.htm 和 a2-2.htm 页面的文字格式为：刚才定义的类样式 Text1。效果如图 4-4-10 和图 4-4-11 所示。

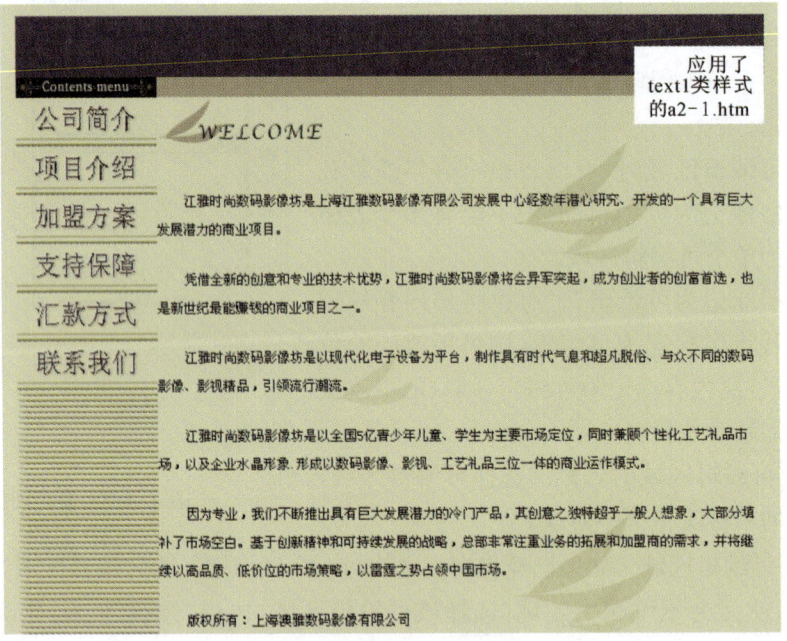

图 4-4-10　应用样式

4. 制作如图 4-4-12 所示的库项目（Logo.lbi）。

5. 将库项目（Logo.lbi）插入 gsmuban.dwt 的相应的位置。更新后得到 a2-1.htm 和 a2-2.htm 的页面，如图 4-4-13 所示。

6. 新建一个页面 a2-3.htm，插入库项目（logo.lbi）和相应的"联系我们"的文字内容，如图 4-4-14 所示。

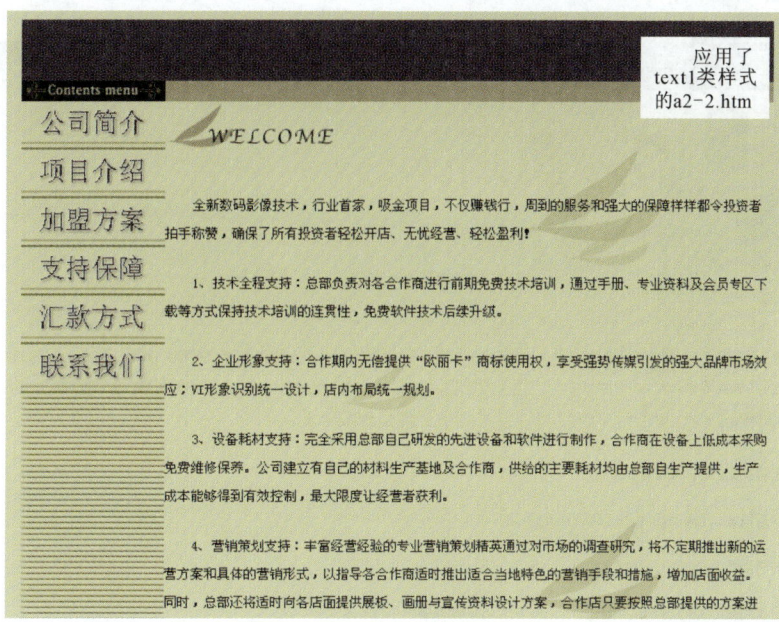

图 4-4-11　应用样式

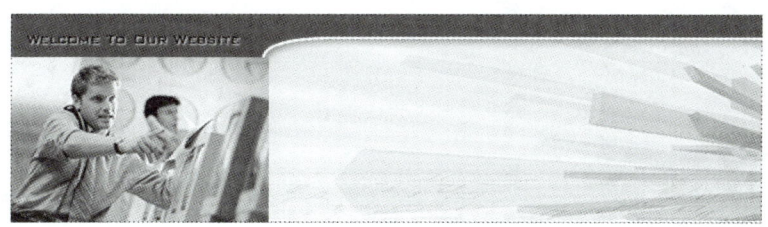

图 4-4-12　打开素材

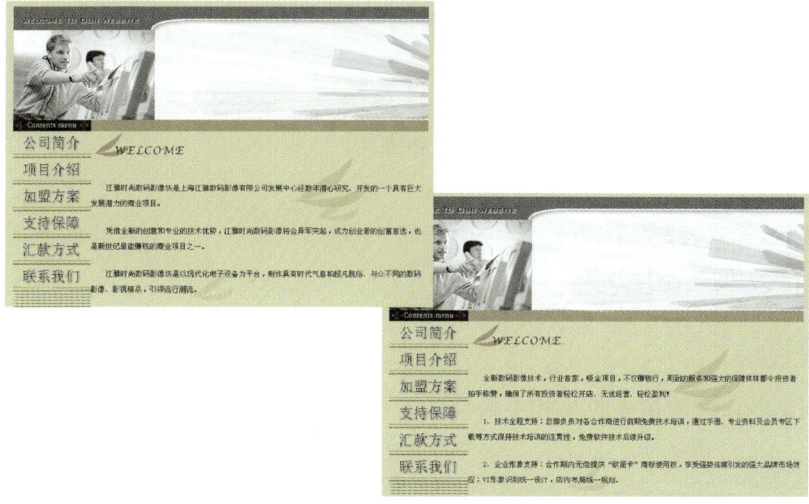

图 4-4-13　插入素材

图 4-4-14　插入文字

项目实训　更新公司网站制作

项目描述

学会使用网页软件添加高级网站元素，能设计更新公司网站。

项目要求

1. 使用 Dreamweaver 设计制作网页模板和库。
2. 使用 Dreamweaver 制作框架网页。
3. 使用 CSS 样式表制作网页。
4. 使用行为为网站添加效果。

项目提示

在进行网站制作之前请先收集相关需要的素材。

项目评价

项目评价如表 4-1 和表 4-2 所示。

表 4-1   项目实训评价表

	内　　容		评　　价		
	学习目标	评价项目	3	2	1
职业能力	使用软件设计网站	能制作框架网页			
		能制作 CSS 样式表			
	设计丰富网页元素	设计制作网页库			
		制作行为特效			
通用能力	创新能力				
	排版设计能力				
综合评价					

表 4-2   评价等级说明表

等　级	说　　明
3	能高质、高效地完成此学习目标的全部内容，并能解决遇到的特殊问题
2	能高质、高效地完成此学习目标的全部内容
1	能圆满地完成此学习目标的全部内容，不需任何帮助和指导

单元五
多媒体网页制作

　　Flash 是一种交互式矢量多媒体技术,它的前身是 Future Splash,是早期网上流行的矢量动画插件。后来由于 Macromedia 公司收购了 Future Splash,便将其改名为 Flash 2,现已更新为 Flash 4。网上也已经有成千上万个 Flash 站点了,著名的 Macromedia 和专门的 ShockRave 站点,全部采用了 Shockwave Flash 和 Director。可以说 Flash 已经渐渐成为交互式知量的标准,是未来网页的一大主流。

　　单元主要任务:学会 Flash 的基本动画制作——逐帧动画、形状补间动画、动作动画、引导动画、遮罩动画的制作等等。

单元内容提示

- 逐帧动画制作
- 形状补间动画制作
- 动作动画制作
- 引导动画制作
- 遮罩动画制作

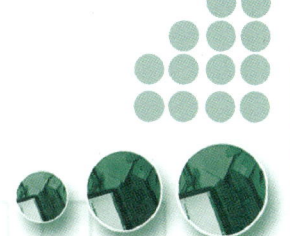

任务一　逐帧动画制作

任务描述

一家游戏公司要求制作一对情侣的简单人物行走动画,并将其插入游戏的某段动画中。为表现细腻程度,要求每一帧都要手绘,并将其连接完成动画。

任务分析

创建逐帧动画的几种方法:

(1) 用导入的静态图片建立逐帧动画。

(2) 绘制矢量逐帧动画。

(3) 文字逐帧动画。

(4) 指令逐帧动画。

(5) 导入序列图像。

上面,我们介绍了逐帧动画的特点和创建方法,现在,我们来动手制作两个逐帧动画实例,以加深对逐帧动画的认识。

方法与步骤

【实例 5-1】　人物行走　这是一个利用导入连续位图而创建的逐帧动画,如图 5-1-1 所示。

1. 创建影片文档

执行【文件】|【新建】命令,在弹出的对话框中选择【常规】|【Flash 文档】选项后,点击【确定】按钮,新建一个影片文档。在【属性】面板上设置文件大小为 400×260 像素,【帧频】(FPS)为 12,【背景色】为白色,如图 5-1-2 所示。

图 5-1-1　人物行走

图 5-1-2　创建新文档

2. 创建背景图层

选择第 1 帧,执行【文件】|【导入】|【导入到舞台】命令,将"雪景. bmp"图片导入场景中。
选择第 8 帧,按 F5 键,增加过渡帧,使帧内容延续到第 8 帧。

3. 导入 gif 动画

新建一个图层,选择第 1 帧,执行【文件】|【导入】|【导入到舞台】命令,将"奔跑的豹子"
系列图片导入。此时,会弹出一个对话框,如图 5-1-3 所示。

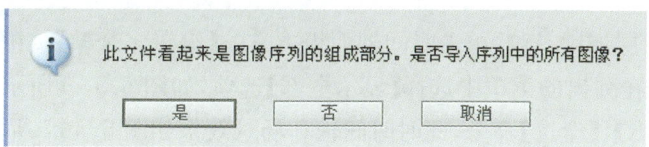

图 5-1-3 系列图片导入

选择【是】按钮,Flash 会自动把图片序列按序以逐帧形式导入场景的左上角,如图
5-1-4 所示。

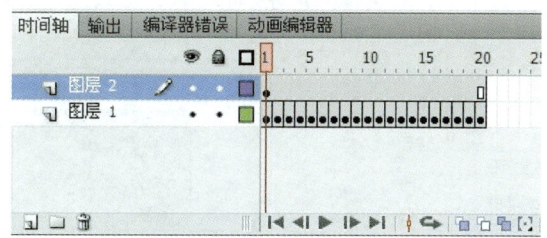

图 5-1-4 导入的 gif 动画在场景的上方形成帧动画

图 5-1-5 所示的是导入后的动画序列,它们被 Flash 自动分配在 8 个关键帧中。

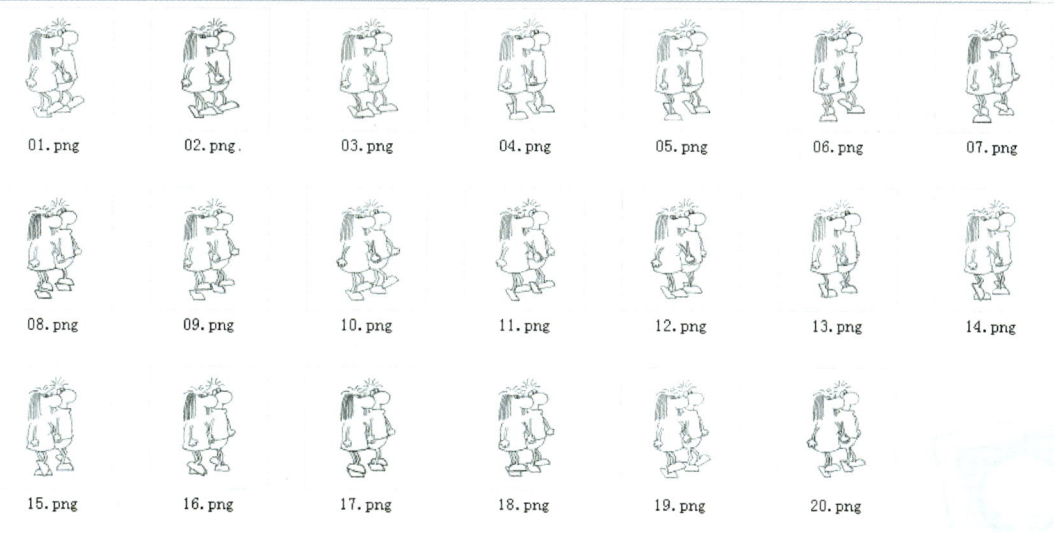

01. png 02. png 03. png 04. png 05. png 06. png 07. png

08. png 09. png 10. png 11. png 12. png 13. png 14. png

15. png 16. png 17. png 18. png 19. png 20. png

图 5-1-5 导入的 20 张图片

4. 调整对象位置

此时，时间帧区出现连续的关键帧，从左向右拉动播放头，就会看到一头勇猛的豹子在向前奔跑。但是，被导入的动画序列位置尚未处于我们需要的地方，缺省状况下，导入的对象被放在场景坐标"0，0"处，我们必须移动它们。

你当然可以一帧帧地调整位置，完成一幅图片后记下其坐标值，再把其他图片设置成相同坐标值，如果你有足够耐性和时间也无妨，但我们也可使用"多帧编辑"功能进行操作。

先把"雪景"图层加锁，然后单击时间轴面板下方的【编辑多个帧】按钮，再单击【修改绘图纸标记】按钮，在弹出的菜单中选择【显示全部】选项，如图5-1-6所示。

最后执行【编辑】|【全选】命令，此时时间轴和场景效果如图5-1-7所示。

用鼠标左键按住场景左上方的豹子拖动，就可以把8帧中的图片一次全移动到场景中央了。

5. 设置标题文字

在场景中新建一个图层，单击工具箱中的【文字工具】T按钮，设置【属性】面板上的文本参数，文本类型为静态文本、字体为隶书、字体大小为35、颜色为深蓝色。如图5-1-8所示。

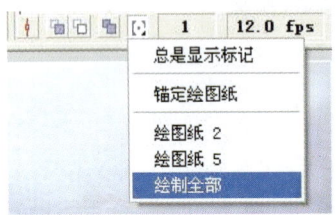

图5-1-6 选择显示全部选项

图5-1-7 选取多帧编辑

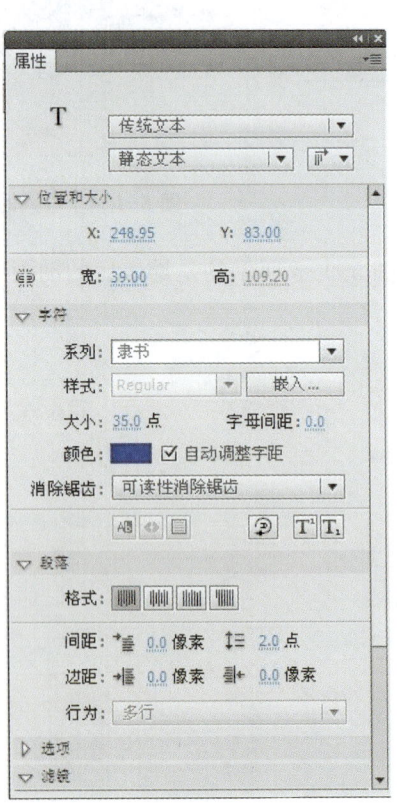

图5-1-8 字体【属性】面板参数设置

在文本框中输入"人物行走"5个字,放到合适的位置。

6. 测试存盘

执行【控制】|【测试影片】命令(快捷键【Ctrl】+【Enter】),观察动画效果,如果满意,执行【文件】|【保存】命令,将文件保存成"人物行走.fla"文件,如果要导出 Flash 的播放文件,可以执行【文件】|【导出】|【导出影片】命令。

拓展和提高

逐帧动画是一种常见的动画形式(Frame By Frame),其原理是在"连续的关键帧"中分解动画动作,也就是在时间轴的每帧上逐帧绘制不同的内容,使其连续播放而成动画。因为逐帧动画的帧序列内容不一样,不但给制作增加了负担而且最终输出的文件量也很大,但它的优势也很明显:逐帧动画具有非常大的灵活性,几乎可以表现任何想表现的内容,而它类似与电影的播放模式,很适合于表演细腻的动画。例如:人物或动物急剧转身、头发及衣服的飘动、走路、说话以及精致的 3D 效果等等。

一、表现形式编辑

逐帧动画的概念和在时间帧上的表现形式。

在时间帧上逐帧绘制帧内容称为逐帧动画,由于是一帧一帧的画,所以逐帧动画具有非常大的灵活性,几乎可以表现任何想表现的内容。

二、创建方法编辑

创建逐帧动画的几种方法:

(1)用导入的静态图片建立逐帧动画

用 jpg、png 等格式的静态图片连续导入 Flash 中,就会建立一段逐帧动画。

(2)绘制矢量逐帧动画

用鼠标或压感笔在场景中一帧帧地画出帧内容。

(3)文字逐帧动画

用文字作帧中的元件,实现文字跳跃、旋转等特效。

(4)导入序列图像

可以导入 gif 序列图像、swf 动画文件或者利用第 3 方软件(如 swish、swift 3D 等)产生的动画序列。

由于逐帧动画的帧序列内容不一样,不仅增加制作负担而且最终输出的文件量也很大,但它的优势也很明显:因为它相似与电影播放模式,很适合于表演很细腻的动画,如 3D 效果、人物或动物急剧转身等等效果。

思考与练习

制作一个逐帧动画,效果如图 5-1-9 所示。

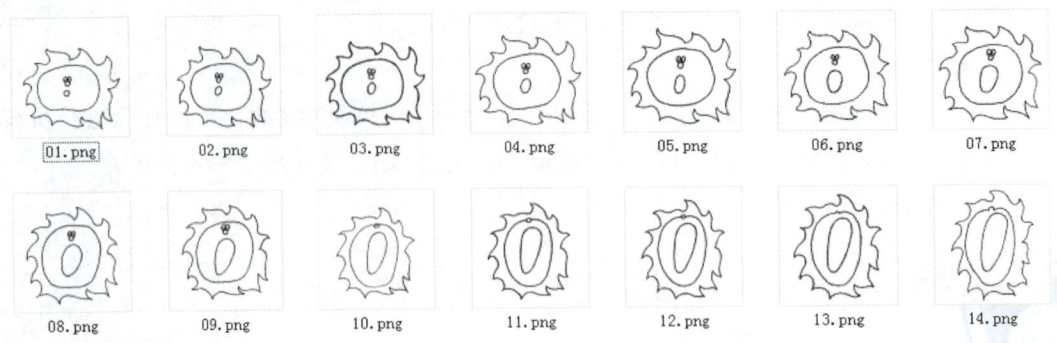

图 5-1-9　逐帧动画

任务二　形状补间动画制作

任务描述

公司要求在这款游戏中加入蜡烛燃烧的效果，不需要太复杂，画面卡通即可。

任务分析

燃烧的蜡烛，形状补间动画关键帧上对元素的要求，一是必须为矢量图，二是必须为形状状态。选中关键帧上的物体时显麻点状态，在【属性】面板里显示的是"形状"。如图5-2-1所示。

图 5-2-1　【属性】

如果使用图形元件、按钮、文字、对象绘制等,则必先"打散"再变形;形状补间动画可以实现两个图形之间颜色、形状、大小、位置的相互变化。

下面通过制作摇曳的烛光进行形状补间动画的练习。

方法与步骤

1. 制作光圈元件

(1)点【插入】|【新建元件】,【类型】选择"影片剪辑",输入名称"光圈",如图 5-2-2 所示。

图 5-2-2 创建新元件

(2)笔触色禁止,填充＊射状。3 个色标分别设置为:左为 FFFF00 Alpha 100％,中为 FFFF6E Alpha 77％,右为 FFFFCC Alpha 0％。用椭圆工具画个圆,全居中,如图 5-2-3 所示。

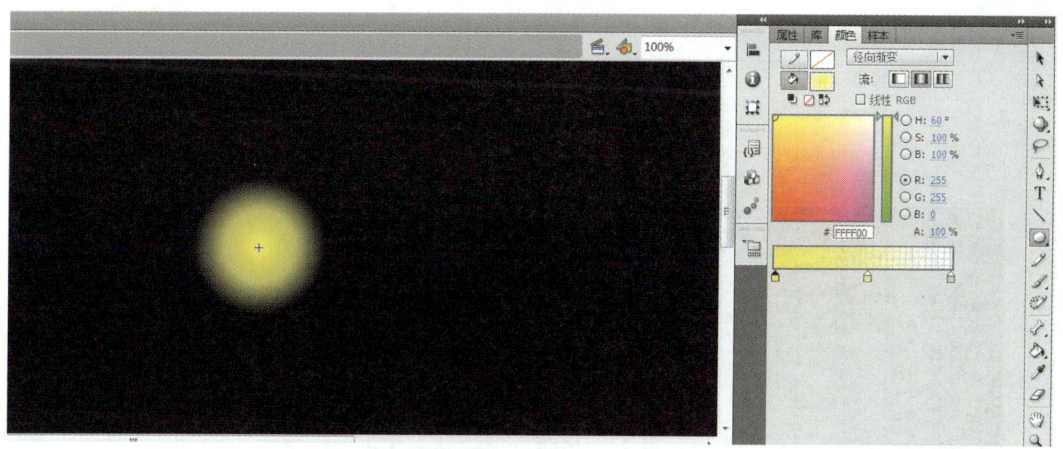

图 5-2-3 【颜色】色标设置

(3)第 15、第 30 帧加上关键帧,点中第 15 帧,再点击【修改】|【变形】|【缩放和旋转】,缩放设置为 150％,如图 5-2-4 所示。

(4)右击时间轴,单击【创建补间形状】,如图 5-2-5 所示。

释放下鼠标,时间帧面板的背景色变为淡绿色,在起始帧和结束帧之间有一个长长的实线箭头,表示形状补间动画创建好了,如图 5-2-6 所示。

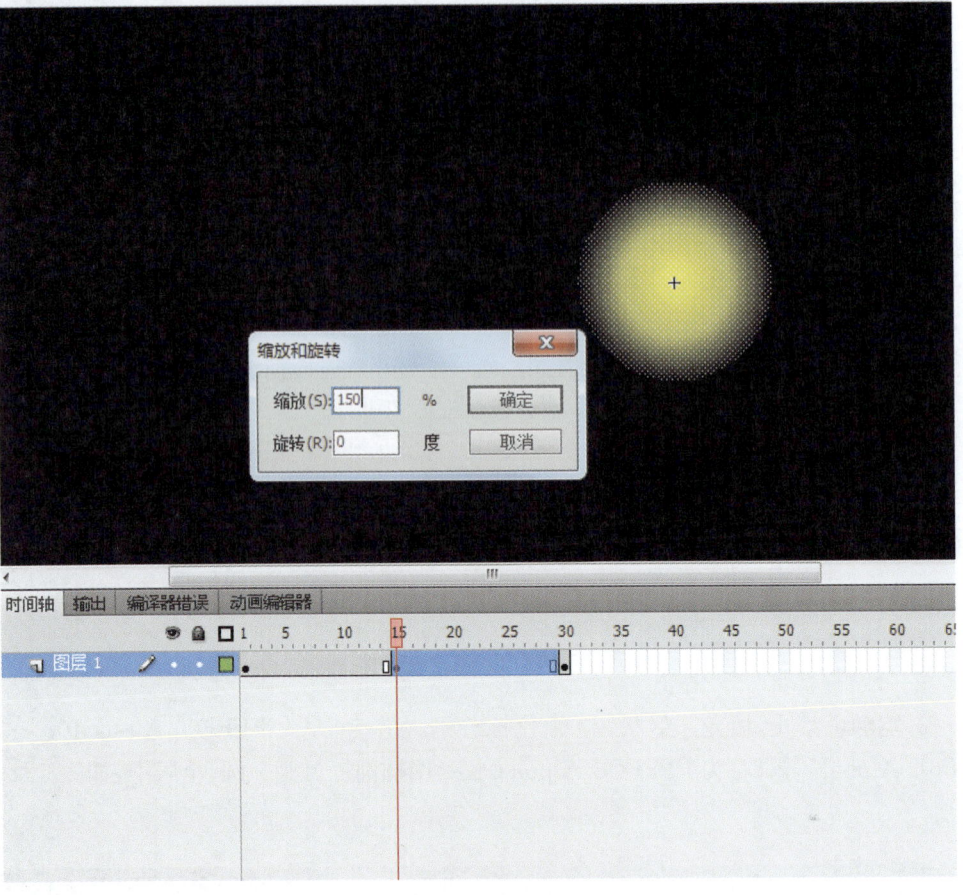

图 5-2-4　缩放和旋转

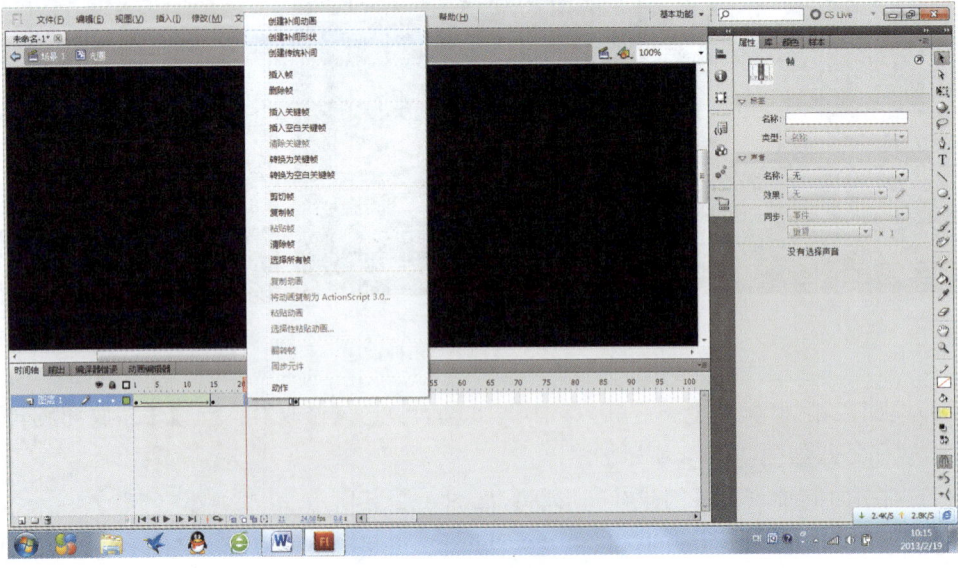

图 5-2-5　创建补间形状

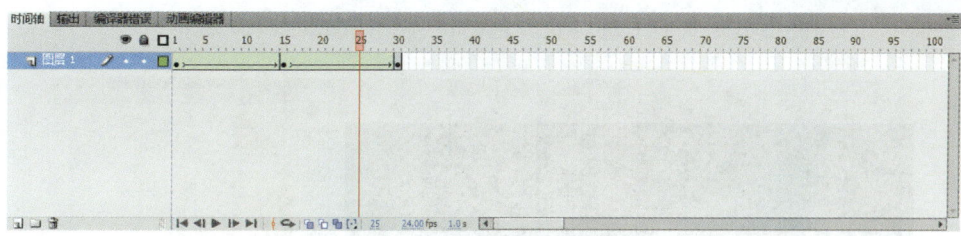

图 5-2-6　已创建好的形状补间动画

2. 蜡烛元件制作

（1）第 1 图层,画烛身。具体操作如下:

① 禁止填充色,笔触色设置为 CF 8453。点击【椭圆工具】,在【属性】【面板】里【样式】设置为实线,大小为 2,如图 5-2-7 所示。

② 画一个椭圆。选中圆按住"Alt"或者"Ctrl"键拖出两个,摆放好,再用直线画上两条线,如图 5-2-8 所示。

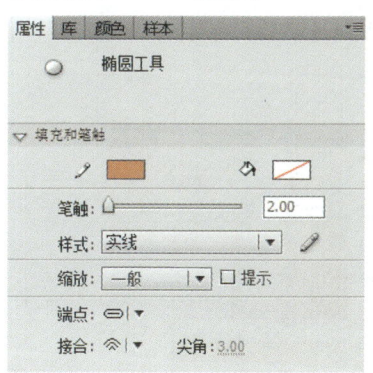

图 5-2-7　椭圆工具

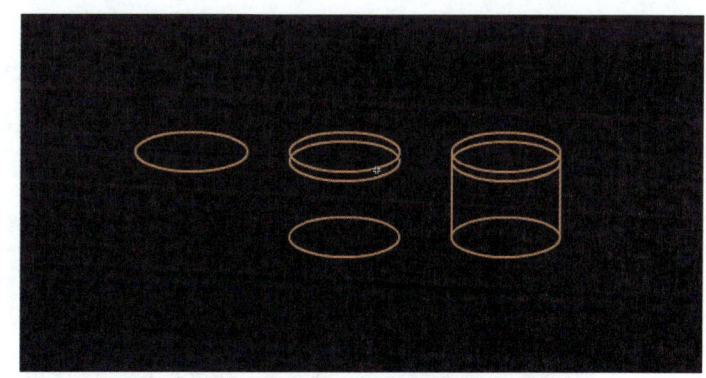

图 5-2-8　绘制椭圆

③ 删除多余的线条,如图 5-2-9 所示。

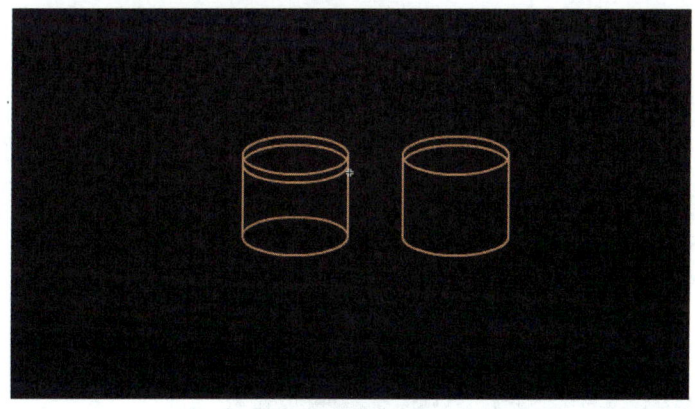

图 5-2-9　删除线条

④ 放射状填充:F5B778、F29437、D74D1F、923107。色标的摆放如图 5-2-10 所示。

用颜色桶填充后,再用填充变形工具调整颜色的位置。如图 5-2-10 所示。

图 5-2-10　填充

⑤ 放射状填充:F29C48、F4C402、F2912F、F29437、D74D1F、923107。填充后,再用填充变形工具调整颜色的位置。如图 5-2-11 所示。

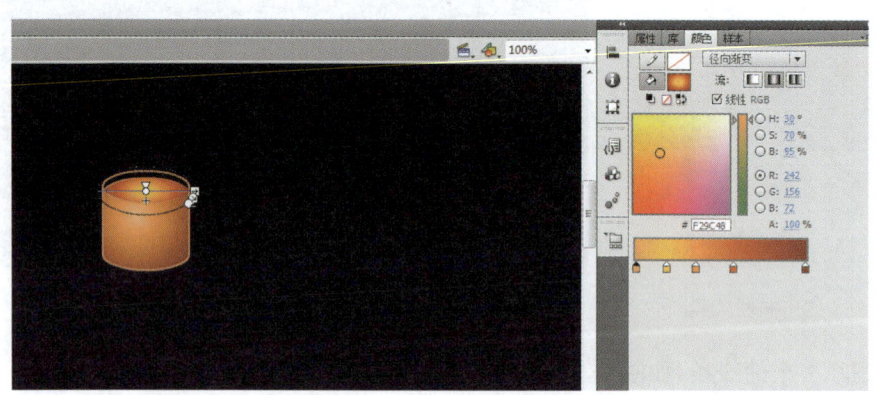

图 5-2-11　渐变

⑥ 线性填充:D74D1F、F29437、D14B26,如图 5-2-12 所示。

图 5-2-12　调整渐变

⑦ 删除多余的线条,用【笔刷】工具,颜色设置为8C4F26,刷烛芯,如图5-2-13所示。

图 5-2-13　笔刷

⑧ 延长到30帧,图层上锁。

(2) 新建图层2,画火苗。具体操作如下:

① 笔触色禁止,填充色线性:左 FFFF99 Alpha 100%,右 FFFF1B Alpha 30%,画椭圆,整调形状。

② 第30帧插入关键帧,创建形状补间动画。

③ 第5帧插入关键帧,用选择工具(黑箭头工具)调整形状,注意不能调整太过,以免变形不规则。第9帧插入关键帧,继续调整,以此类推,第13、第17、第22、第26帧都插入关键帧作调整。可以根据自己的感觉去调整,觉得怎样自然就怎样去调整;可以只做火苗伸长和压缩,做成上下窜动,也可以再加上左右摆动,如图5-2-14所示。

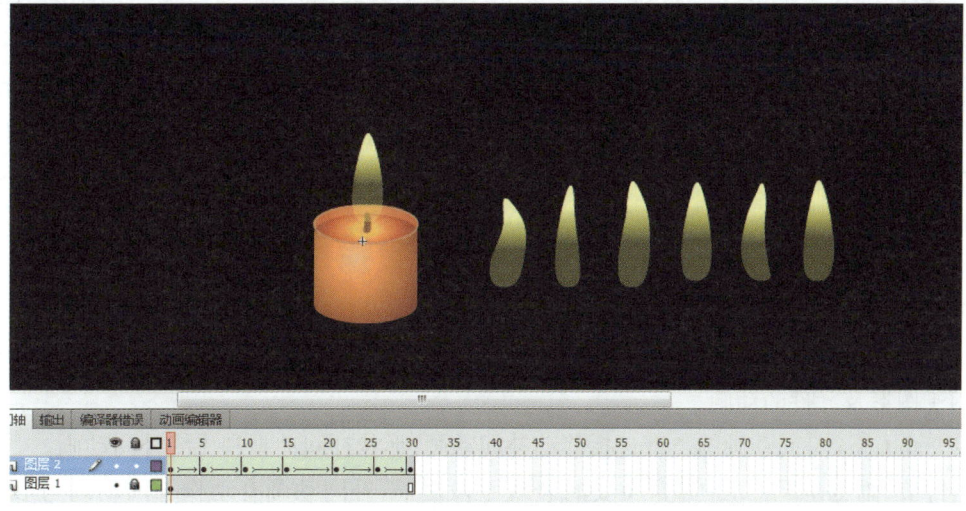

图 5-2-14　绘制火焰

（3）新建图层 3，点第 1 帧，从库中把光圈拖入摆放好，用变形工具适当压扁，在【属性】面板"颜色"里，Alpha 设置为 50％，如图 5-2-15 所示。

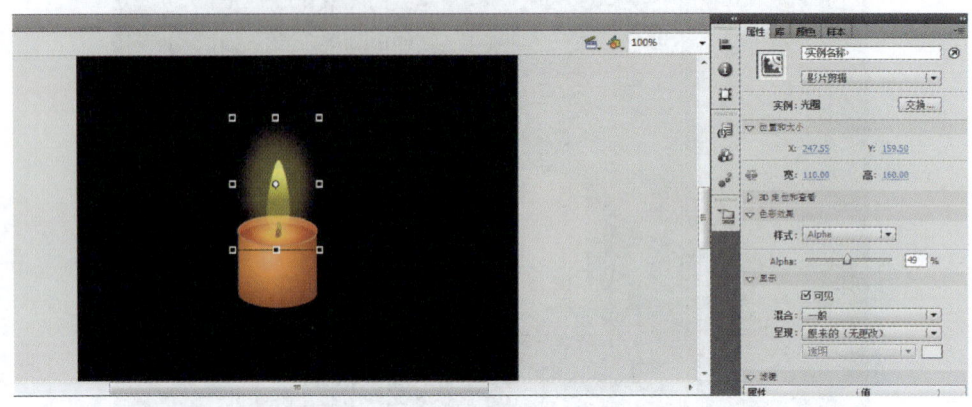

图 5-2-15

现在回到场景中，从库里把蜡烛元件拖到场景中，摆放好，按【Ctrl】＋【Enter】键进行测试，另存为 ＊.fla。导出影片 ＊.swf。

相关知识与技能

1. 形状补间动画

首先你应该熟悉 Flash 的界面。在 Flash 的时间帧面板上，在一个时间点（关键帧）绘制一个形状，然后在另一个时间点（关键帧）更改该形状或绘制成另一个形状。Flash 根据两者之间的帧的值或形状来创建的动画被称为"形状补间动画"。

2. Flash 形状补间的特征是什么

形状补间动画是在 Flash 的时间帧面板上，在一个关键帧上绘制一个形状，然后在另一个关键帧上更改该形状或绘制另一个形状等，Flash 将自动根据两者之间的帧的值或形状来创建的动画，它可以实现两个图形之间颜色、形状、大小、位置的相互变化。形状补间动画建立后，时间帧面板的背景色变为淡绿色，在起始帧和结束帧之间也有一个长长的箭头。构成形状补间动画的元素多为用鼠标或压感笔绘制出的形状，而不能是图形元件、按钮、文字等，如果要使用图形元件、按钮、文字，则必先打散（Ctrl＋B）后才可以做形状补间动画。

拓展和提高

Flash 动画制作中补间动画分两类：一类是形状补间，用于形状的动画；另一类是动画补间，用于图形及元件的动画。

Flash CS 4 补间动画的类型包括移动补间动画、形状补间动画和传统补间动画。

补间动画也是 Flash 中非常重要的表现手段之一，补间动画有动作补间动画与形状补间动画两种。

动作补间动画是指在 Flash 的时间帧面板上,在一个关键帧上放置一个元件,然后在另一个关键帧改变这个元件的大小、颜色、位置、透明度等,Flash 将自动根据两者之间的帧的值创建的动画。动作补间动画建立后,时间帧面板的背景色变为淡紫色,在起始帧和结束帧之间有一个长长的箭头。构成动作补间动画的元素是元件,包括影片剪辑、图形元件、按钮、文字、位图、组合等等,但不能是形状,只有把形状组合(【Ctrl】+【G】)或者转换成元件后才可以做动作补间动画。

形状补间动画是在 Flash 的时间帧面板上,在一个关键帧上绘制一个形状,然后在另一个关键帧上更改该形状或绘制另一个形状等,Flash 将自动根据两者之间的帧的值或形状来创建的动画,它可以实现两个图形之间颜色、形状、大小、位置的相互变化。形状补间动画建立后,时间帧面板的背景色变为淡绿色,在起始帧和结束帧之间也有一个长长的箭头。构成形状补间动画的元素多为用鼠标或压感笔绘制出的形状,而不能是图形元件、按钮、文字等,如果要使用图形元件、按钮、文字,则必先打散(【Ctrl】+【B】)后才可以做形状补间动画。

思考与练习

新建一个 Flash 动画,尺寸 400×300 像素,背景白色,帧频 10 fps。

要求:制作一个心形渐变成五角星形,最后再变回心形,持续时间 40 帧。动画在最后一帧停止播放。

任务三　动作动画制作

任务描述

公司要求在游戏中为烘托画面,制作一个简单的动画背景。于是我们便想到了现采用制作风车转动的动画背景。

任务分析

风车转动首先我们要手绘绿地和风车、风车叶。整个动画我们可以用 Flash 动画制作,并加入旋转命令。要注意的是旋转的方向要一致。

下面通过制作转动的风车进行动作动画制作的练习。

方法与步骤

1. 新建文件

新建文件 ActionScript 2.0,如图 5-3-1 所示。

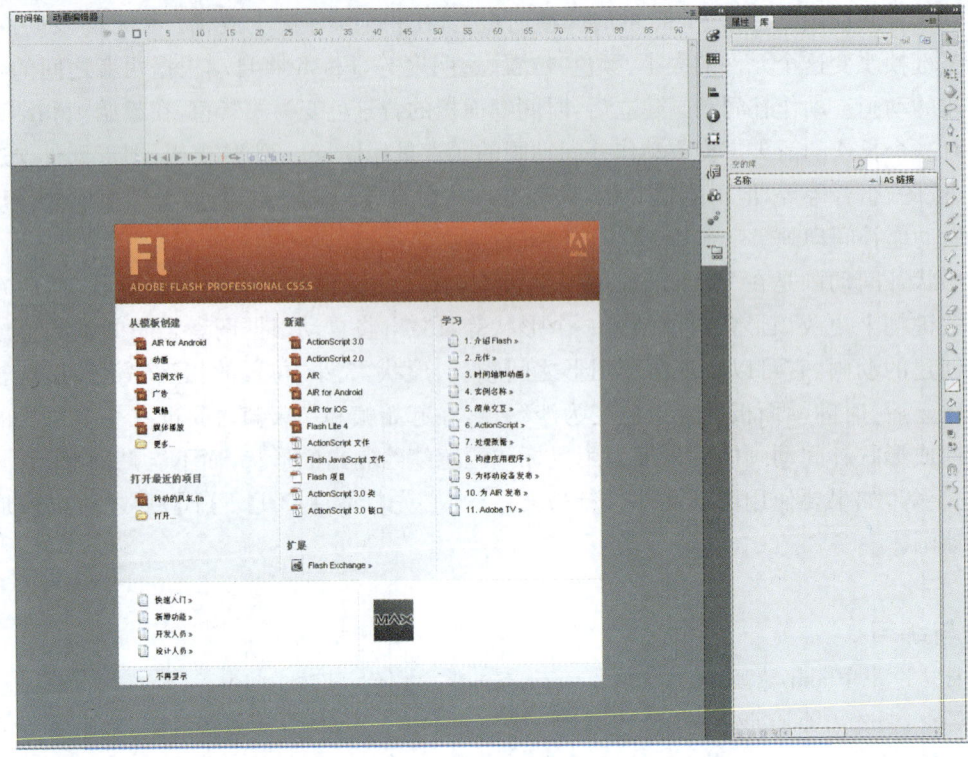

图 5-3-1　新建窗口

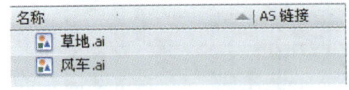

图 5-3-2　导入素材

2. 导入素材

将素材文件中的"草地.jpg"和"风车.jpg"拖入库,如图 5-3-2 所示。

3. 布置舞台

点击舞台,选择【属性】中的舞台颜色,将其调整为天蓝色,如图 5-3-3 所示。

4. 布置背景

将素材草地和风车拖入舞台,并用任意变形工具调整到最佳大小,如图 5-3-4 所示。

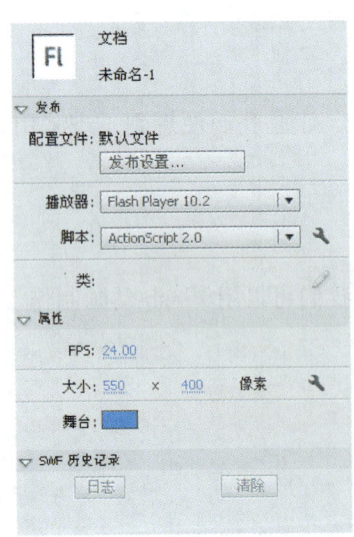

图 5-3-3　文档放置

图 5-3-4　导入素材

5. 创建影片剪辑

打开菜单中的选项【插入】,选择【创新建元件】,然后将【类型】下拉框设定为"影片剪辑",如图 5-3-5 所示。

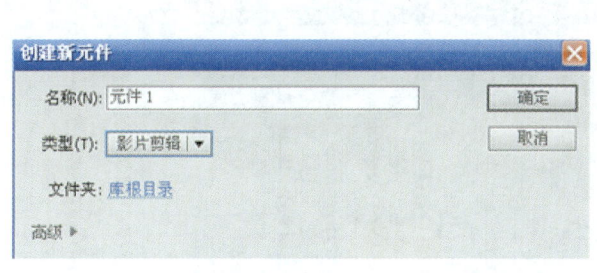

图 5-3-5　新建文件

图 5-3-6　绘制风车

6. 制作风车叶片的转动

(1) 在所创建的影片剪辑中,调整填充颜色,然后利用矩形用具画出木杠和风叶组成风轮,如图 5-3-6 所示。

(2) 在 55 帧插入关键帧,选择第 1 到第 55 帧任一帧,按右键,选择【传统补间动画】,在【属性】面板中,选择【顺时针】,继而创建动画,如图 5-3-7 所示。

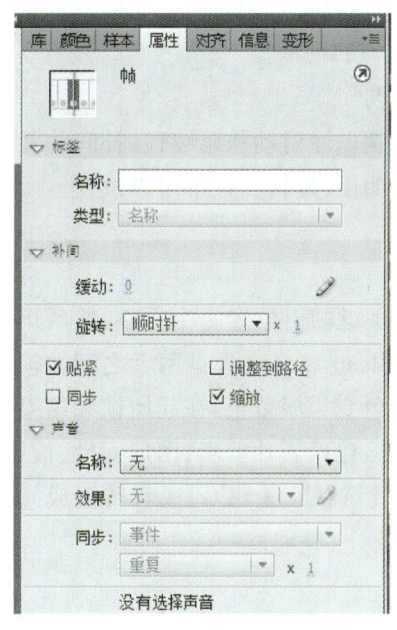

图 5-3-7　属性面板

图 5-3-8　制作动画

141

7. 放置影片剪辑

返回到场景，新建图层，将做好的影片剪辑放置到新建层中场景的合适位置，如图 5-3-8 所示。

8. 测试影片

按【Ctrl】＋【Enter】键测试影片，如图 5-3-9 所示。

图 5-3-9　测试影片

相关知识与技能

1. 动作补间动画与形状补间动画应注意的关键技术点

动作补间必须是元件实例，且必须是同一个元件的实例。注意动作延续性，补间的对象一定是"图形元件"或是"影片剪辑"。大小、移动、颜色、透明度、旋转属性都可以改变。而形状补间可以改变对象的形状只能是大小、倾斜、旋转等属性。

2. 动作补间的特点

动作补间动画是指在 Flash 的时间帧面板上，在一个关键帧上放置一个元件，然后用另一个关键帧改变这个元件的大小、颜色、位置、透明度等，Flash 将自动根据两者之间的帧的值创建的动画。动作补间动画建立后，时间帧面板的背景色变为淡紫色，在起始帧和结束帧之间有一个长长的箭头。构成动作补间动画的元素是元件，包括影片剪辑、图形元件、按钮、文字、位图、组合等等，但不能是形状，只有把形状组合快捷键【Ctrl】＋【G】或者转换成元件后才可以做动作补间动画。

思考与练习

制作如图 5-3-10 所示的效果。

图 5-3-10 效果图

任务四 引导动画制作

任务描述

在游戏中,要求插入一段简单的过关动画。在这里我们制作豆豆吃草莓的画面。

任务分析

这段动画用的是引导层的动画。当然豆豆没吃掉一颗草莓,而是到达草莓的位置的时候,我们通过插入一个关键帧将草莓删除来完成豆豆吃草莓的整个动画效果。

下面我们通过制作豆豆吃草莓的动画进行引导动画制作的练习。

方法与步骤

最终效果是作出豆豆在以圆圈的移动路径吃着草莓的引导动画,如图 5-4-1 所示。

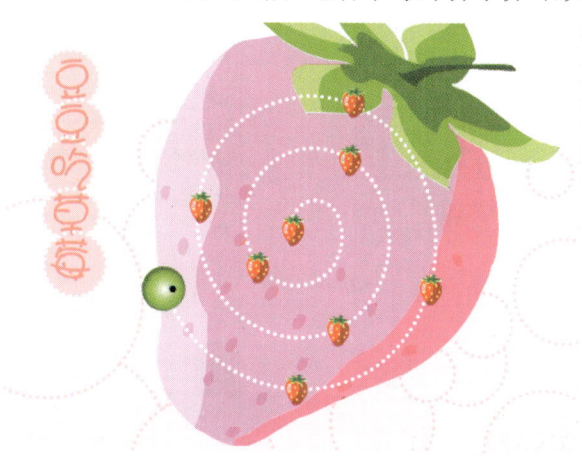

图 5-4-1 豆豆吃草莓

1. 创建背景图层

（1）选择第 1 帧，执行【文件】|【导入】|【导入到舞台】命令，将"底图.ai"图片导入场景中。执行【窗口】|【对齐】命令，如图 5-4-2 所示。

（2）先选择【相对于舞台】按钮，再选择【水平中齐】和【垂直中齐】命令，如图 5-4-3 所示。

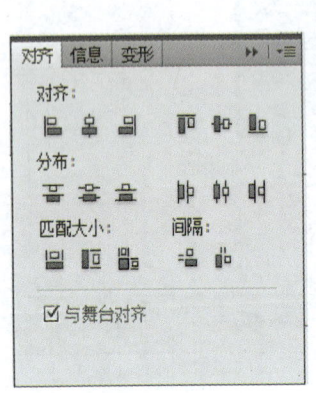

图 5-4-2　对齐窗口

图 5-4-3　背景图位置

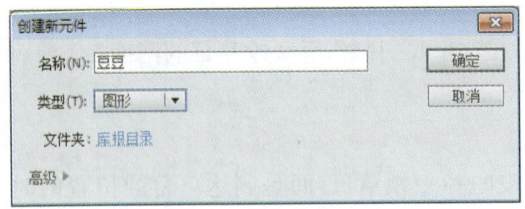

图 5-4-4　豆豆图形元件

2. 制作豆豆

（1）执行【插入】|【新建元件】命令，设置如图 5-4-4 所示。点击【确定】按钮，如图 5-4-5 所示。

（2）选中第 1 帧，在舞台中间画一个圆，选中圆，再点击右边界面的【属性】按钮，如图 5-4-6 所示。

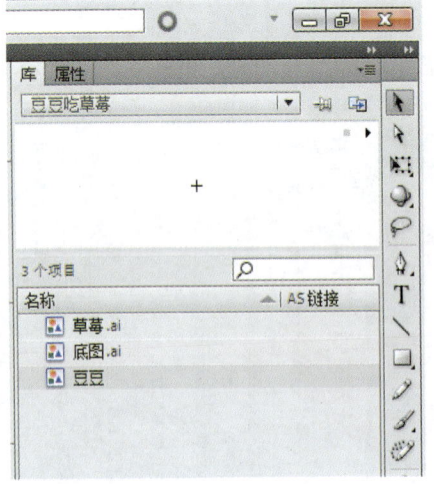

图 5-4-5　豆豆图形元件窗口

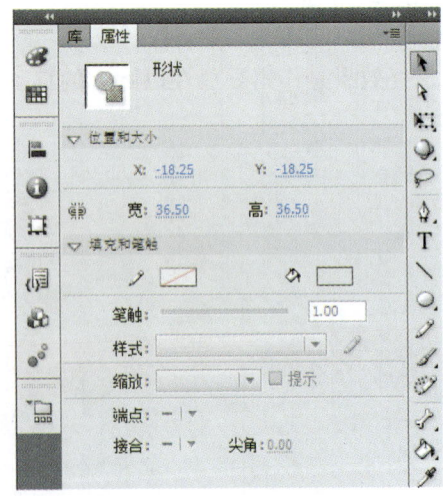

图 5-4-6　圆的【属性】面板

（3）将笔触颜色设置为无色，填充颜色设置为【径向渐变】，如图 5-4-7 所示。

图 5-4-7　径向渐变

（4）选中圆，再点击右边界面的【颜色】按钮，如图 5-4-8 所示。

（5）将颜色设置为绿色，如图 5-4-9 所示。

图 5-4-8　颜色【属性】界面

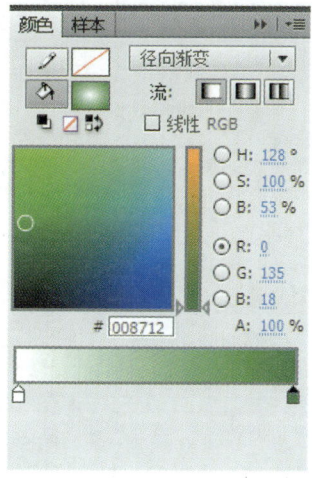

图 5-4-9　设置颜色为绿色

图 5-4-10　黑色圆的位置

（6）再画一个小的黑色的圆，放置在绿色圆的右上角，类似于眼睛的位置，如图 5-4-10 所示。

（7）在图层的第 5 帧插入一个关键帧，再在第 10 帧插入一个帧，如图 5-4-11 所示。

图 5-4-11　插入帧

（8）选中第 5 帧，在工具栏中执行【线条工具】命令。画一个类似于嘴巴的形状，如图 5-4-12 所示。

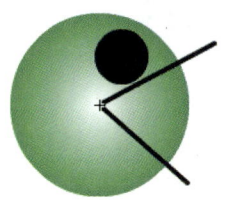

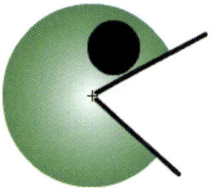

图 5-4-12　线条工具画出的形状

图 5-4-13　删除绿色的选区

（9）选中嘴巴中间的绿色并删除，如图 5-4-13 所示。

（10）选中前面画嘴巴的两条线将其删除，如图 5-4-14 所示。

3. 制作草莓的位置

（1）新建一个图层，选择第 1 帧，执行【文件】|【导入】|【导入到舞台】命令，将"草莓.ai"图片导入场景中，如图 5-4-15 所示。

图 5-4-14 删除两条线后   图 5-4-15 草莓

（2）选中新建的"草莓"图层，在第 5 帧插入一个关键帧，如图 5-4-16 所示。

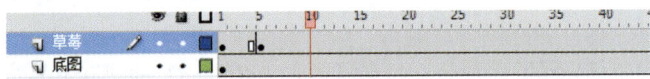

图 5-4-16 草莓图层

（3）选中第 5 帧，删除第一个草莓，如图 5-4-17 所示。

图 5-4-17 删除草莓

（4）接下来在第 10 帧、第 15 帧、第 20 帧、第 25 帧、第 30 帧、第 35 帧、第 40 帧，分别插入关键帧，并在每个关键帧中分别删除一颗草莓，效果如图 5-4-18 所示。

图 5-4-18　删除到最后草莓的位置

4. 制作引导层

（1）选中"草莓"图层，单击右键执行【添加传统运动引导层】命令，如图 5-4-19 所示。

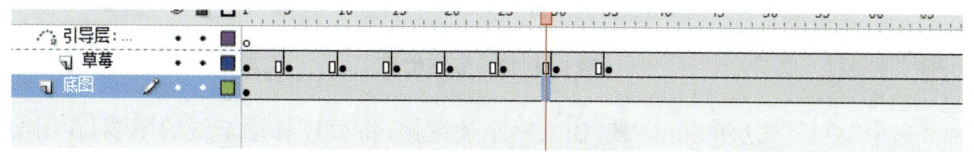

图 5-4-19　新建引导图层

（2）选中引导层的第 1 帧，执行工具栏中的【钢笔工具】命令，画出路径，如图 5-4-20 所示。

图 5-4-20　引导层路径

5. 制作吃掉草莓的效果

（1）选中"草莓"图层，单击右键执行【插入图层】命令，如图 5-4-21 所示。

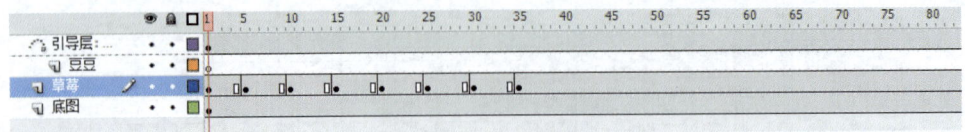

图 5-4-21　插入图层

（2）选中"豆豆"图层的第 1 帧，执行【库】命令，将库中的"豆豆"移动至图层中，如图 5-4-22 所示。

图 5-4-22　豆豆位置

（3）选中"豆豆"图层的第 35 帧，插入一个关键帧，将豆豆移动至线的尾端，在图层第 1 帧到第 35 帧中间的任意一个位置右击，执行【创建传统补建】命令，如图 5-4-23 所示。

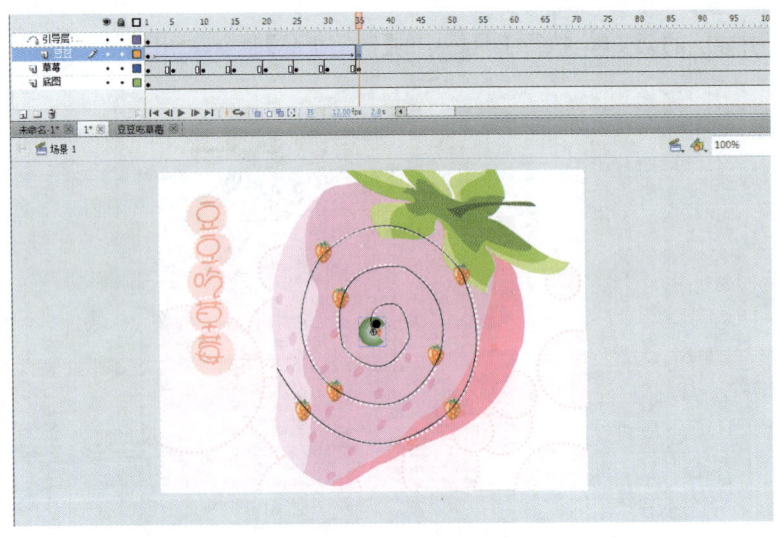

图 5-4-23　创建传统补建

（4）选中传统补建区域的任意一处，执行【属性】命令，进行设置，如图 5-4-24 所示。

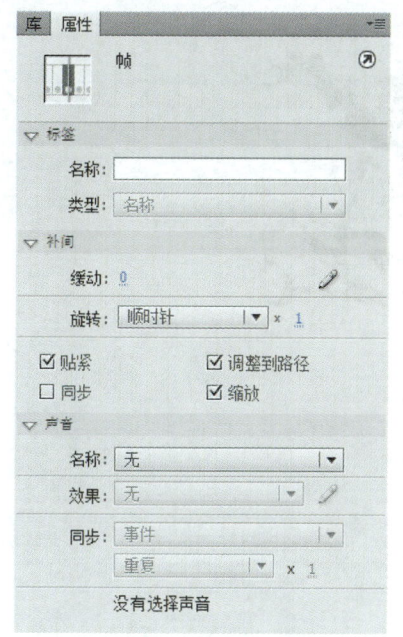

图 5-4-24　传统补建属性

图 5-4-25　豆豆吃草莓

6. 测试影片

按【Ctrl】＋【Enter】键进行影片测试，最终效果如图 5-4-25 所示。

相关知识与技能

1. 什么是 Flash 引导层动画

引导层是不显示的，起的是辅助作用，设置引导层和引导路径以后，与之相连的下一层里面的物件就会按照引导层里面的引导路径来运动。

2. 制作 Flash 引导动画要注意什么

（1）引导线可以交叉，但是不能有重合（重合，就是拐角处多出一段线头）。

（2）同一段引导动画的引导线不能有断点。

（3）元件运动的首尾关键帧中，元件中心（就是元件选中后，出现的那个小圆圈）必须与引导线对齐（不一定非得首尾对齐，根据你的需要），如果引导线有改动，那么最好重新调整对齐。

（4）不小心将引导线成组或转换成了元件，这是个一般不会出现的问题，而且这个问题好解决，只要在选中引导线后使用快捷键【Ctrl】＋【B】就能解决。

思考与练习

制作如图 5-4-26 所示的落叶效果。

图 5-4-26　效果图

任务五　遮罩动画制作

任务描述

小明第一天来到某家游戏公司,因为是实习,公司没有要求他制作太难的动画。为配合新游戏的开发,小明被要求制作游戏中的一个简单的宣传动画。要求用手绘效果画出帆船,在蓝色的海洋中荡漾。

任务分析

手绘帆船的制作,主要依靠的是层与遮罩效果的配合使用。运用遮罩制作而成的动画,遮罩层中的内容在动,而被遮罩层中的内容保持静止。

下面我们通过制作帆船的动画来练习遮罩动画的制作,效果如图 5-5-1 所示。

图 5-5-1　效果图

方法与步骤

1. 创建影片文档

执行【文件】|【新建】命令,在弹出的对话框中选择【常规】|【Flash 文档】选项后,点击【确定】按钮,新建一个影片文档,在【属性】面板上设置文件大小为 550×400 像素,【帧频】(FPS)为 12,【背景色】为白色。

2. 创建影片剪辑

选择第 1 帧,执行【插入】|【新建元件】|【影片剪辑】命令,如图 5-5-2 所示。

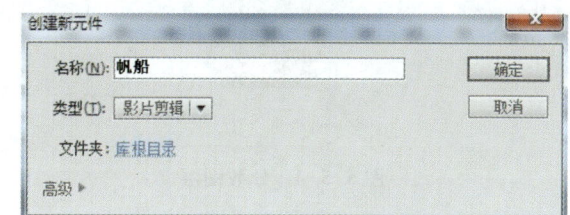

图 5-5-2 新建元件

3. 导入素材到库

执行【文件】|【导入】|【导入到库】命令,如图 5-5-3 所示。

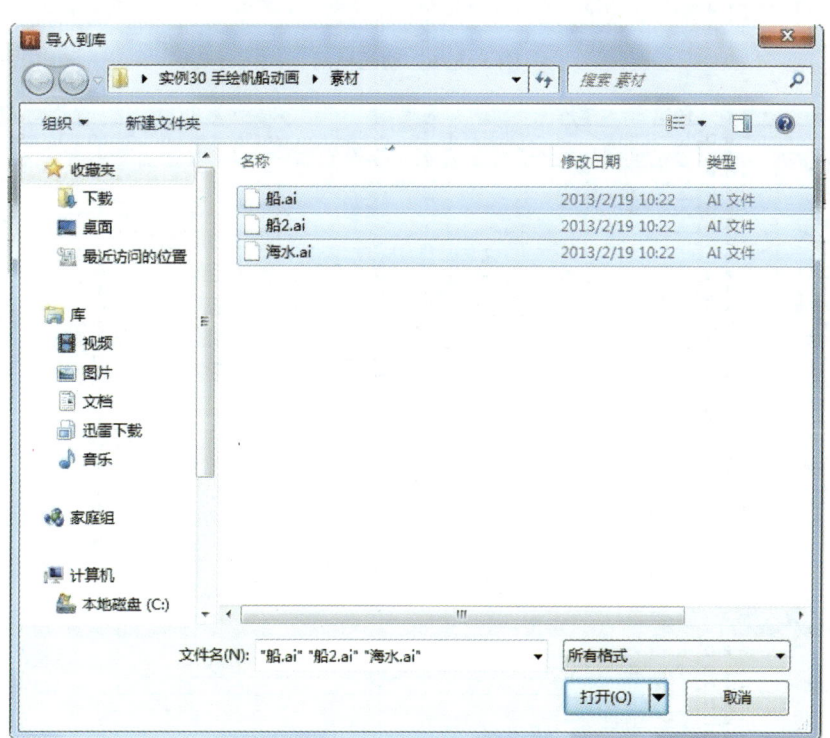

图 5-5-3 导入素材

4. 制作影片剪辑动画

(1)将船使用快捷键【Ctrl】+【B】打散,选中全部并分散图层,如图 5-5-4 所示。

(2)新建图层命名为遮罩,使用矩形工具,画出一个未展开的矩形,如图 5-5-5 所示。

(3)在第 10 帧插入关键帧,将矩形展开遮住线条。并作动画补间,如图 5-5-6 所示;参照(1)~(2)完成所有的线条遮罩,如图 5-5-7 所示。

(4)选择做完动画的矩形图层,右击遮罩层,如图 5-5-8 所示。

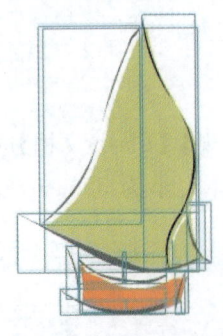

图 5-5-4　分散图层

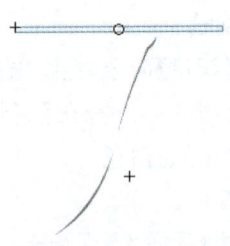

图 5-5-5　遮罩效果

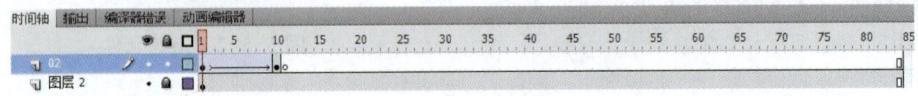

图 5-5-6　动画补间

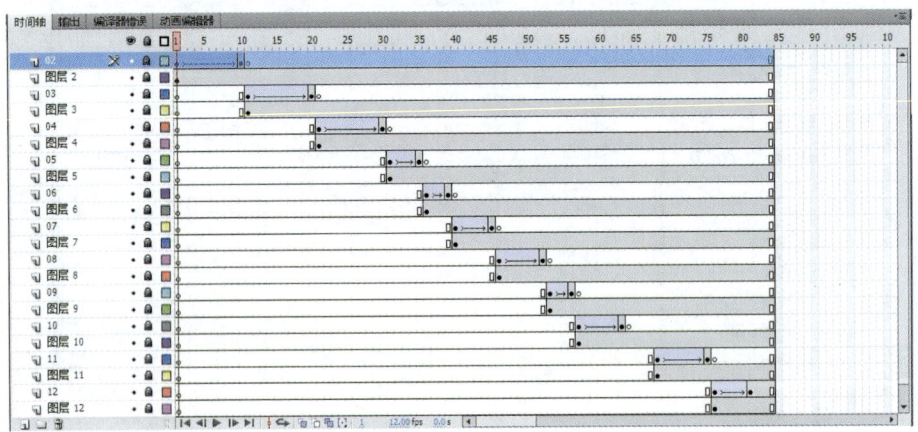

图 5-5-7　绘制图层

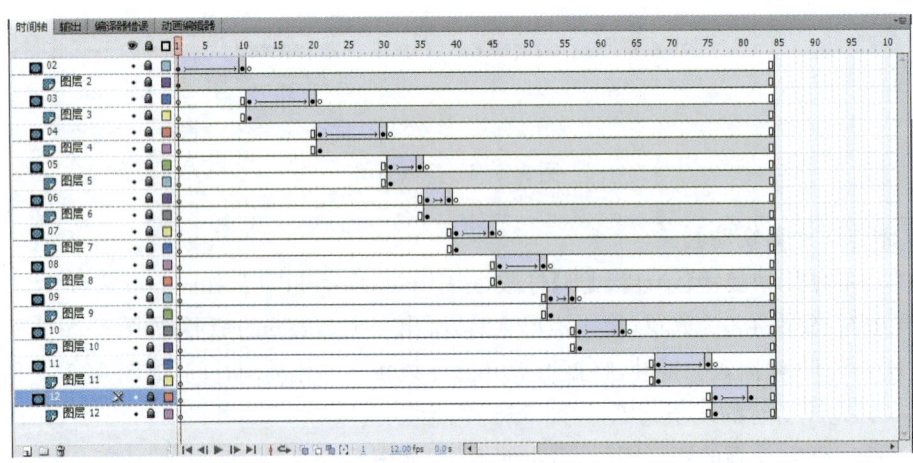

图 5-5-8　遮罩制作

5. 制作海水动画

(1) 回到场景 1,制作船的移动,如图 5-5-9 所示。

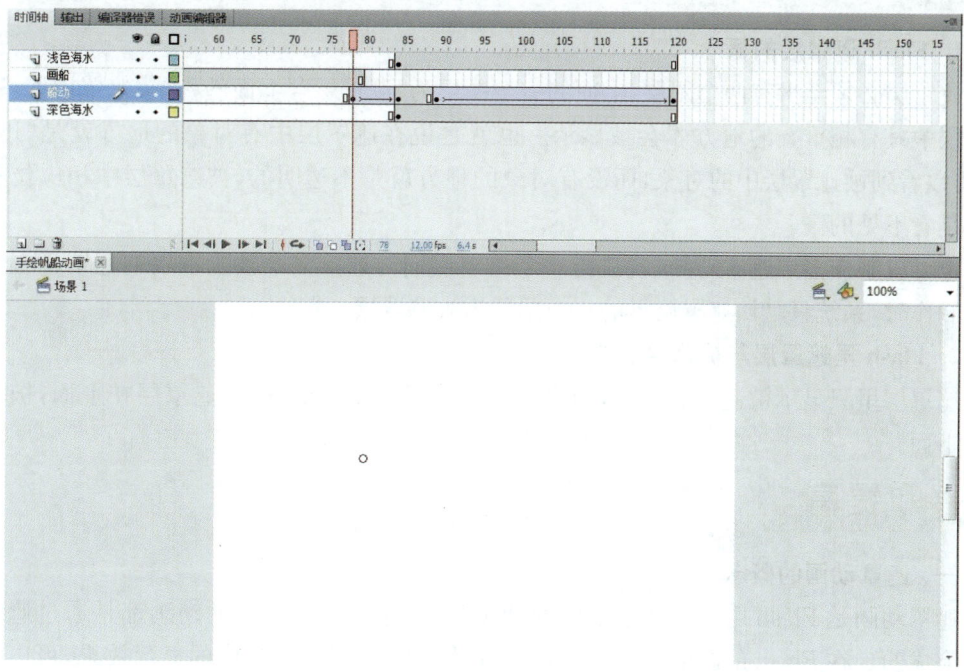

图 5-5-9 船的移动

(2) 新建影片,剪辑海水,制作浅色海水于深色海水的运动效果,如图 5-5-10 所示。

图 5-5-10 导入海水素材

（3）至此 Flash 制作完毕。

相关知识与技能

1. Flash 遮罩层的概念

遮罩层必须至少有两个图层，上面的一个图层为"遮罩层"，下面的称"被遮罩层"。这两个图层中只有相重叠的地方才会被显示。也就是说在遮罩层中有对象的地方就是"透明"的，可以看到被遮罩层中的对象，而没有对象的地方就是不透明的，被遮罩层中相应位置的对象是看不见的。

也可以制作多层遮罩动画，就是指一个遮罩层同时遮罩多个被遮罩层的遮罩动画。通常在制作时，系统只默认遮罩层下的一个图层为被遮罩层。

2. Flash 里遮罩层与被遮罩层的关系

遮罩层里只显示被遮罩的部分，而没被遮罩的部分就不会显示；遮罩层在上面，被遮罩层在下面。

拓展和提高

一、遮罩动画的概念

遮罩动画是 Flash 中的一个很重要的动画类型，很多效果丰富的动画都是通过遮罩动画来完成的。在 Flash 的图层中有一个遮罩图层类型，为了得到特殊的显示效果，可以在遮罩层上创建一个任意形状的"视窗"，遮罩层下方的对象可以通过该"视窗"显示出来，而"视窗"之外的对象将不会显示。

二、遮罩的作用

在 Flash 动画中，遮罩主要有两种用途：一是用在整个场景或一个特定区域，使场景外的对象或特定区域外的对象不可见；二是用来遮罩住某一元件的一部分，从而实现一些特殊的效果。

三、创建遮罩的方法

在 Flash 中没有一个专门的按钮来创建遮罩层，遮罩层其实是由普通图层转化而来。在某个图层上单击右键，在弹出菜单中选择【遮罩层】，使命令的左边出现一个小勾，该图层就会生成遮罩层，"层图标"就会从普通层图标变为遮罩层图标，系统会自动把遮罩层下面的一层关联为"被遮罩层"，如果你想关联更多层被遮罩，只要把这些层拖到被遮罩层下面就行了。

四、构成遮罩和被遮罩层的元素

遮罩层中的图形对象在播放时是看不到的，遮罩层中的内容可以是按钮、影片剪辑、图形、位图、文字等，但不能使用线条，如果一定要用线条，可以将线条转化为"填充"。

被遮罩层中的对象只能透过遮罩层中的对象被看到。在被遮罩层可以使用按钮、影片剪辑、图形、位图、文字、线条等。

五、遮罩中可以使用的动画形式

可以在遮罩层、被遮罩层中分别或同时使用形状补间动画、动作补间动画、引导线动画等动画手段,从而使遮罩动画变成一个可以施展无限想象力的创作空间。

六、应用遮罩时的技巧

(1)遮罩层的基本原理是能够透过该图层中的对象看到"被遮罩层"中的对象及其属性(包括它们的变形效果),但是遮罩层中的对象中的许多属性如渐变色、透明度、颜色和线条样式等却是被忽略的。比如,我们不能通过遮罩层的渐变色来实现被遮罩层的渐变色变化。

(2)要在场景中显示遮罩效果,可以锁定遮罩层和被遮罩层。

(3)可以用"Actions"动作语句建立遮罩,但这种情况下只能有一个"被遮罩层",同时,不能设置_Alpha属性。

(4)不能用一个遮罩层遮蔽另一个遮罩层。

(5)遮罩可以应用在GIF动画上。

(6)在制作过程中,遮罩层经常挡住下层的元件,影响视线,无法编辑,这时可以按下遮罩层时间轴面板的显示图层轮廓按钮,使遮罩层只显示边框形状。在这种情况下,你还可以拖动边框调整遮罩图形的外形和位置。

(7)在被遮罩层中不能放置动态文本。

思考与练习

制作效果图如图5-5-11所示,制作如图5-5-11所示的遮罩效果。

图5-5-11 效果图

项目实训　英文MV制作

项目描述

整个游戏制作完成后,为表示玩家通关胜利,要求制作一段英文MV来祝贺通关者。

项目要求

1. 设计美观、合理。
2. 声音和画面要配合。

项目提示

在进行网站制作之前请先收集相关需要的素材。

项目评价

项目评价如表 5-1、表 5-2 所示。

表 5-1   项目实训评价表

内 容		评 价		
学习目标	评价项目	3	2	1
使用软件设计 整个动画效果	素材的导入			
	动画的流畅性			
设计丰富动画元素	制作文本和图像			
	制作动画效果			
	按钮的控制			
通用 能力	创新能力			
	排版设计能力			
综合评价				

（注：左侧第一列"职业能力"跨前五行，"通用能力"跨后两行）

表 5-2   评价等级说明表

等 级	说 明
3	能高质、高效地完成此学习目标的全部内容，并能解决遇到的特殊问题
2	能高质、高效地完成此学习目标的全部内容
1	能圆满地完成此学习目标的全部内容，不需任何帮助和指导

单元六
网页设计与制作综合实训

学习了网页的基本操作与高级制作技巧以及动画后，让我们来完成一些综合性的网站制作。设计者应该从网站的浏览者、网站要传达的信息以及网站的发展目标考虑，设计出最合适、最美观的网页。

单元主要任务：掌握网页制作的整体流程、熟练运用各种软件进行网站的设计与制作。

 单元内容提示

- 教育类网站的设计与制作
- 旅游休闲类网站的设计与制作
- 茶文化网站的设计与制作

任务一　教育类网站的设计与制作

项目描述

随着教育系统信息化平台的发展应用,根据教育部的"十二五"规划,众多教育网站将融入整体的教育云平台当中。一个设计得非常好的主页会对拥有它的教育机构起到极佳的宣传效果,在一定程度上代表了该教育机构的形象。越来越多的教育机构都在着手创建能体现自己特色、宣传效果极佳的网页。

学校门户网站是教育类网站的主要代表,是学校对外宣传、交流的窗口,也是展示全校师生才能,加强校际联系,互相学习、共同发展的阵地,更是学校提高教学质量、科研水平和管理能力的重要途径。

本项目要求完成学校门户网站的设计和制作。功能如下:

(1) 宣传学校办学理念,教师队伍,专业设置,教育教学主要成果等等。

(2) 为学校各职能部门搭建宣传教育、信息发布的平台。

(3) 适时发布学校管理、教学、德育、学生活动、招生等相关信息。

项目要求

(1) 根据学校门户网站的客户需求分析,确定网站主题风格。

(2) 制定网站总体结构方案。

(3) 收集好所需的文字资料、图像资料、网页特效。用 Photoshop 制作和处理网页所需的图片,用 Flash 制作网页所需的动画。

(4) 创建网站。具体内容如下:

① 至少包括 12 个页面,分为 3 层:第 1 层为首页,第 2 层为 4 个二级子页,而第 3 层为2~3 个内容页。网页中必须要用到 CSS 技术实现网页元素的修饰及布局。网站页面大小应该满足至少 800×600 分辨率。

② 首页及 4 个二级子页分别为框架网页、表单网页、利用模板制作的网页、利用布局表格制作的网页,必须用到热点和切片功能。

③ 各个页面根据需要插入合适的图像和 Flash 动画,所有页面要求内容充实、布局合理、颜色搭配协调、美观大方。

④ 各个页面之间导航清晰、链接准确无误。

(5) 网页的版面尺寸应用符合网页设计的规范,网站中所有文件、文件夹的命名应规范,尽量做到字母数量少、见名知意、容易理解。

项目提示

根据客户需求分析,制定网站总体结构方案。

网站采用导航方式,三级页面。共分 4 个模块:学校概况、招生就业、教育科研、德育天地。

总体结构如图 6-1-1 所示。

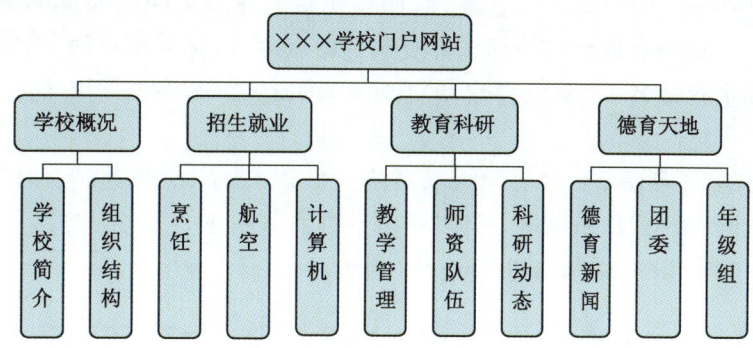

图 6-1-1 ×××学校门户网站总体结构

一、准备所需素材

根据网站的栏目内容和链接内容,准备所需素材,放在相应文件夹中。

(1)准备文本。准备学校网页中所需的文字资料,可以从各类网站、各种书籍中搜集与学校网站相关的文字资料,然后制作成 word 文件,注意各种文字资料的文件名命名要科学合理,避免日后找不到所需的文本内容。

(2)设计 Logo。利用 Photoshop 量身定做学校网站的 Logo 标志,Logo 标志要与学校网站的主题相符,要有新意。

(3)准备图片及按钮。根据需要到网上或素材光盘中搜集学校网站所需的图片和按钮,有些图片、按钮需要自己利用图像处理软件制作。注意图片文件要尽可能小。

(4)准备动画。利用 Flash 软件关键帧、形变、运动、遮罩等动画形式制作文字或图片的动画效果,网站中的动画要突出主题,起到画龙点睛之功效。

小贴士:(1)所需素材可参考各中小学校网站。

(2)所需素材可在"设计师互动平台"(地址为 http://www.zcool.com.cn)网站搜集。

本地站点的目录结构及其存放的文件类型如表 6-1-1 所示。

表 6-1-1 本地站点的目录结构及其存放的文件类型

文件夹名称	存放的文件类型
CSS	CSS 样式文件
Flash	动画文件、视频文件
Images	图像文件、照片
Docs	文字资料
webpage_1	一级页面文件,该文件夹又有多个子文件夹
webpage_2	二级页面文件,该文件夹又有多个子文件夹
Index.html	主页

二、建立网站

在开始着手设计网页之前，先要定义站点。因为网页只是网站的一个组成部分，所有设计的网页和相关文件都要放置于站点之中。定义站点的好处是：定义站点以后的所有操作都是在站点统一监控之下进行，如果使用了外部文件，Dreamweaver 就会自动检测并予以提示和询问是否将外部文件复制到站点内，以保持站点的完整性；如果某个文件夹或文件重新命名了，系统会自动更新所有的链接，以保证原有的链接关系的正确性。

（1）定义站点。创建站点之前，要求先建立一个文件夹，以便创建站点时为站点指定存储位置。在 Windows 操作系统中，打开"资源管理器"，创建一个名为"×××学校门户网站"的文件夹，本网站的目录结构如图 6-1-2 所示。

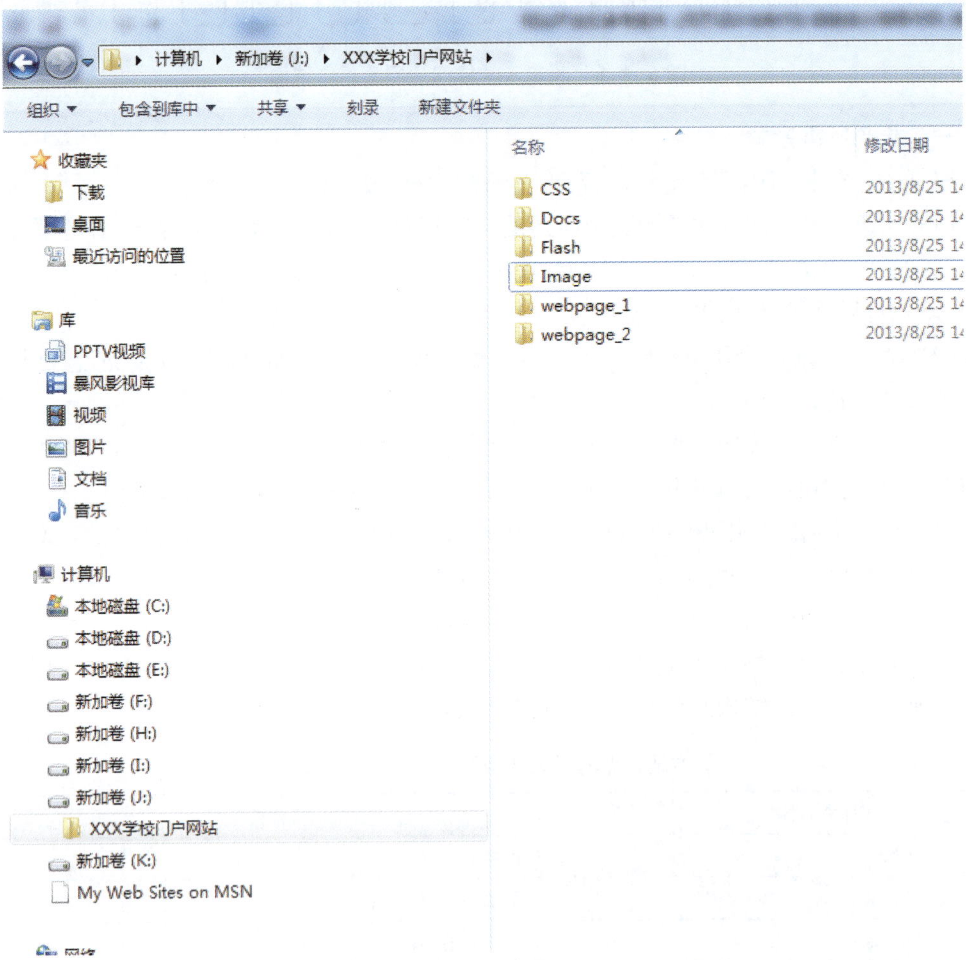

图 6-1-2　网站目录结构

（2）将制作好的各种素材分别复制到相应文件夹下。

（3）管理站点。利用 Dreamweaver 软件创建本地站点，并实现站点管理。

三、网站主要页面设计制作

（1）首页必须有内容为"×××学校"的 Logo 标志，Logo 标志设计要与学校网站的主题相符，要有新意。

（2）首页及 4 个二级子页分别为框架网页、表单网页、利用模板制作的网页、利用布局表格制作的网页，必须用到热点和切片功能。

（3）各个页面根据需要插入合适的图像和 Flash 动画，所有页面要求内容充实、布局合理、颜色搭配协调、美观大方。

（4）各个页面之间导航清晰、链接准确无误。

四、发布网页

（1）将网站发布至 WEB 服务器。

（2）利用 CSS 样式表优化网页。

五、撰写项目总结报告

项目总结报告如表 6-1-2 所示。

表 6-1-2　　　　　　　　　　　　项目总结报告表

网站名称			设计人		
主要用户					
用户特点					
网站总体风格					
首页 Logo 设计说明					
网站版式设计	首页名称				
	分页 2 名称				
	分页 3 名称				
	分页 4 名称				
	分页 5 名称				
网站首页模块	模块一				
	模块二				
	模块三				
	模块四				
	模块五				
网站 CSS 文件定义说明	CSS 文件一		主要用于		
	CSS 文件二		主要用于		
	CSS 文件三		主要用于		
	CSS 文件四		主要用于		
	CSS 文件五		主要用于		

项目评价

项目评价如表 6-1-3 所示。

表 6-1-3   项目评价表

网站整体效果	1. 风格：主题、文字、图像、动画特色鲜明	10 分
	2. 内容：主题明确，内容具体，各个页面的文字、图像、动画和谐统一	20 分
	3. 版面：版面结构合理，每个页面都有正确的链接	20 分
	4. 视觉：色彩搭配协调、美观、页面设计规范	20 分
特色创新	网站具有独创性，构思巧妙，有创意	10 分
小组协作	小组分工协作，所有成员在规定时间完成项目	10 分
项目总结报告	项目总结报告书写认真、完整，字迹清晰，页面整洁	10 分

任务二　旅游休闲类网站的设计与制作

项目描述

　　随着经济发展和人民生活水平的提高，旅游业也得到了飞速发展。旅游休闲类网站是互联网技术在传统行业的应用之一，目前网络推广已成为旅游业的一种至关重要的推广模式，旅游景点利用网站介绍旅游资源，旅行社通过网站发布旅游资讯和在线旅游产品销售，游客在社区交流平台上分享各自的旅游心得等。

　　本项目要求完成云南旅游网站的设计和制作。功能如下：

　　（1）宣传云南省的景区、民俗风情、云南美食等，提高云南省旅游业在国内外的知名度。

　　（2）适时地发布云南精品旅游线路、酒店推荐等信息，为旅游者提供最佳服务。

　　（3）适时地发布旅游游记，通过真实的旅游者的体会，吸引国内外的旅游者。

项目要求

　　（1）根据云南旅游网站的客户需求分析，确定网站主题风格。

　　（2）制定网站总体结构方案。

　　（3）收集好所需的文字资料、图像资料、网页特效。用 Photoshop 制作和处理网页所需的图片、用 Flash 制作网页所需的动画。

　　（4）创建网站。

　　① 至少包括 14 个页面，分为 3 层，第 1 层为首页，第 2 层为 5 个二级子页，第 3 层为 2～3 个内容页。网页中必须要用到 CSS 技术实现网页元素的修饰及布局。网站页面大小应该满足至少 800×600 分辨率。

　　② 首页及 5 个二级子页分别为框架网页、表单网页、利用模板制作的网页、利用布局表格制作的网页，必须用到热点和切片功能。

　　③ 各个页面根据需要插入合适的图像和 Flash 动画，所有页面要求内容充实、布局合理、颜色搭配协调、美观大方。

　　④ 各个页面之间导航清晰、链接准确无误。

（5）网页的版面尺寸应用符合网页设计的规范，网站中所有文件、文件夹的命名应规范，尽量做到字母数量少，见名知意、容易理解。

项目提示

根据客户需求分析，制定网站总体结构方案。

网站采用三级页面。共分 5 个模块：精选线路、酒店预订、民俗风情、会员中心和留言板。总体结构如图 6-2-1 所示。

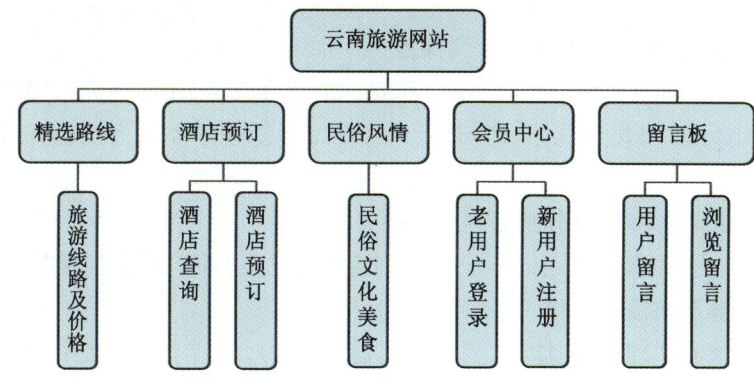

图 6-2-1 云南旅游网站总体结构

一、准备所需素材

根据网站的栏目内容和链接内容，准备所需素材，放在相应文件夹中。

（1）准备文本。准备云南旅游网页中所需的文字资料，可以从各类网站、各种书籍中搜集与云南旅游相关的文字资料，然后制作成 Word 文件，注意各种文字资料的文件名命名要科学合理，避免日后找不到所需的文本内容。

（2）设计 Logo。利用 Photoshop 量身定做云南旅游网站的 Logo 标志，Logo 标志要与云南旅游网站的主题相符，色彩与整个网站和谐统一。

（3）准备图片及按钮。根据需要到网上或素材光盘中搜集该旅游网站所需的图片和按钮，有些图片、按钮需要自己利用图像处理软件制作。注意图片文件要尽可能小。

（4）准备动画。利用 Flash 软件关键帧、形变、运动、遮罩等动画形式制作文字或图片的动画效果，网站中的动画要突出主题，起到画龙点睛之功效。

小贴士：（1）所需素材可参考各旅游网站。

（2）可在"设计师互动平台"（地址为 http://www.zcool.com.cn）网站搜集。

本地站点的目录结构及其存放的文件类型如表 6-2-1 所示。

表 6-2-1　　　　　　　　　本地站点的目录结构及其存放的文件类型

文件夹名称	存放的文件类型
CSS	CSS 样式文件
Flash	动画文件、视频文件

（续表）

文件夹名称	存放的文件类型
Images	图像文件、照片
Docs	文字资料
webpage_1	一级页面文件，该文件夹又有多个子文件夹，例如 webpage_1_01
webpage_2	二级页面文件，该文件夹又有多个子文件夹，例如 webpage_2_01
Index. html	主页

二、建立网站

在开始着手设计网页之前，先要定义站点。

（1）定义站点。创建站点之前，要求先建立一个文件夹，以便创建站点时为站点指定存储位置。在 Windows 操作系统中，打开"资源管理器"，创建一个名为"云南旅游网站"的文件夹。

（2）将制作好的各种素材分别复制到文件夹下。

（3）管理站点。利用 Dreamweaver 软件创建本地站点，并实现站点管理。

三、网站主要页面设计制作

（1）首页必须有体现"云南旅游"主题的 Logo（标志），内容自拟。要充分体现云南旅游特色，简洁、醒目、大气，有强烈的视觉冲击力和整体感，使用动画。首页格局建议如图 6-2-2 所示。

Logo	标题图片与 Flash 动画
	导航栏

图 6-2-2　首页格局

（2）首页及 5 个二级子页分别为框架网页、表单网页、利用模板制作的网页、利用布局表格制作的网页，必须用到热点和切片功能。

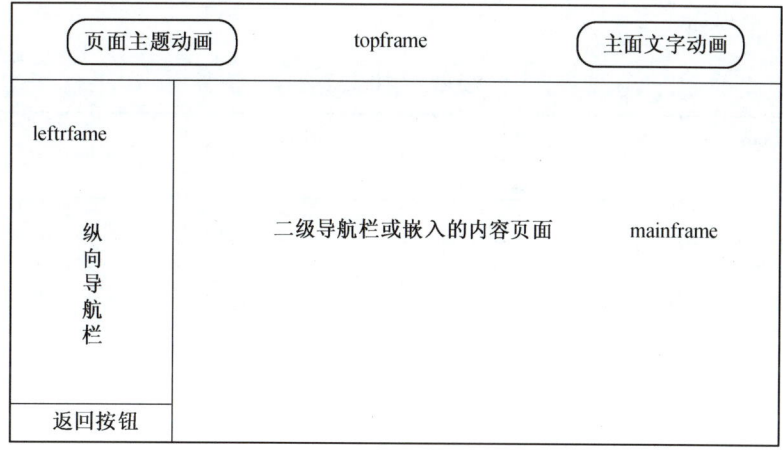

图 6-2-3 制作导航页面

利用"框架"制作的导航页面,如图 6-2-4 所示。

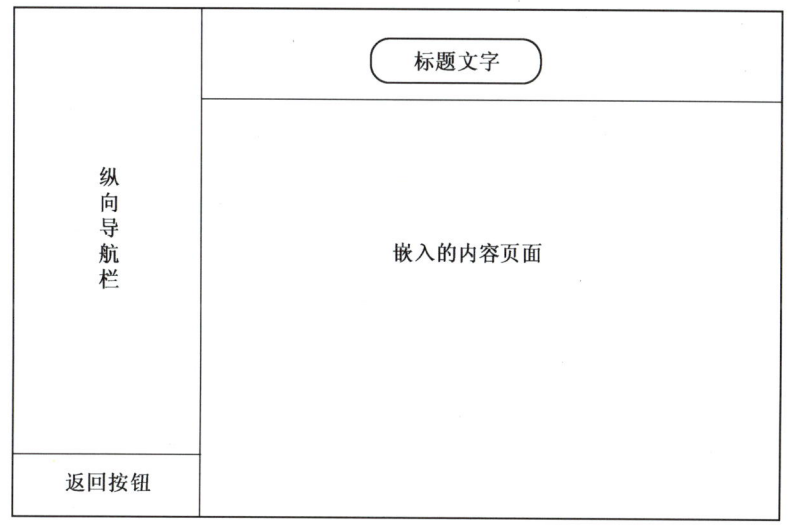

图 6-2-4 利用"表格、层、浮动框架"制作的导航页面

(3) 各个页面根据需要插入合适的图像和 Flash 动画,所有页面要求内容充实、布局合理、颜色搭配协调、美观大方。

(4) 各个页面之间导航清晰、链接准确无误。

四、发布网页

(1) 将网站发布至 WEB 服务器。

(2) 利用 CSS 样式表优化网页。通过使用 CSS 样式表,对文字格式进行优化设置,更加精确地控制布局、字体、颜色、背景和其他图文效果,从而避免在标识字符和设置段落格式等操作时重复定义需要的样式,提高网页编辑的效率。

五、撰写项目总结报告

项目总结报告如表 6-2-2 所示。

表 6-2-2 　　　　　　　　　　　　　　　　**项目总结报告表**

网站名称			设计人	
主要用户				
用户特点				
网站总体风格				
首页 Logo 设计说明				
网站版式设计	首页名称			
	分页 2 名称			
	分页 3 名称			
	分页 4 名称			
	分页 5 名称			
网站首页模块	模块一			
	模块二			
	模块三			
	模块四			
	模块五			
网站 CSS 文件定义说明	CSS 文件一		主要用于	
	CSS 文件二		主要用于	
	CSS 文件三		主要用于	
	CSS 文件四		主要用于	
	CSS 文件五		主要用于	

项目评价

项目评价如表 6-2-3 所示。

表 6-2-3 　　　　　　　　　　　**项 目 评 价 表**

网站整体效果	1. 风格:主题、文字、图像、动画特色鲜明	10 分
	2. 内容:主题明确,内容具体,各个页面的文字、图像、动画和谐统一	20 分
	3. 版面:版面结构合理,每个页面都有正确的链接	20 分
	4. 视觉:色彩搭配协调、美观,页面设计规范	20 分
特色创新	网站具有独创性,构思巧妙,有创意	10 分
小组协作	小组分工协作,所有成员在规定时间完成项目	10 分
项目总结报告	项目总结报告书写认真、完整,字迹清晰,页面整洁	10 分

任务三 茶文化网站的设计与制作

项目描述

　　唐代陆羽在《茶经》中指出："茶之为饮,发乎神农氏,闻于鲁周公。"中国几千年的文明历史伴随着几乎同样悠长的茶文化史。中国人对茶的熟悉,上至帝王将相、文人墨客、诸子百家,下至挑夫贩夫、平民百姓,且无不以茶为好。人们常说:"开门七件事,柴米油盐酱醋茶"。茶文化深入中国的诗词、绘画、书法、宗教、医学。随着网络时代的高速发展,作为中国人,我们有责任通过网络大力宣传、传承中国优秀的传统文化——茶文化,将之发扬光大,使之走向世界。本项目要求完成茶文化网站的设计和制作,功能如下:

　　(1)介绍中国茶文化的形成与发展。

　　(2)介绍中国茶的品种、功效及冲泡技术,以及中国茶与诗词、绘画、书法、宗教和医学的精神渗透。

　　(3)茶友注册、登录,以茶会友,茶友之间互相交流,共同宣传中国茶文化。

项目要求

　　(1)根据茶文化网站的客户需求分析,确定网站主题风格。

　　(2)制定网站总体结构方案。

　　(3)收集好所需的文字资料、图像资料、网页特效。用 Photoshop 制作和处理网页所需的图片,用 Flash 制作网页所需的动画。

　　(4)创建网站。

　　① 至少包括 20 个页面,分为 3 层,第 1 层为首页,第 2 层为 5 个二级子页,第 3 层为内容页。网页中必须要用到 CSS 技术实现网页元素的修饰及布局。网站页面大小应该满足至少 800×600 分辨率。

　　② 首页及 5 个二级子页分别为框架网页、表单网页、利用模板制作的网页、利用布局表格制作的网页,必须用到热点和切片功能。

　　③ 各个页面根据需要插入合适的图像和 Flash 动画,所有页面要求内容充实、布局合理、颜色搭配协调、美观大方。

　　④ 各个页面之间导航清晰、链接准确无误。

　　(5)网页的版面尺寸应用符合网页设计的规范,网站中所有文件、文件夹的命名应规范,尽量做到字母数量少,见名知意、容易理解。

项目提示

　　根据客户需求分析,制定网站总体结构方案。

网站采用导航方式,三级页面。共分 5 个模块:中国茶文化概述、中国十大名茶、茶道美学、茶叙人家、茶叶资讯 。总体结构如图 6-3-1 所示:

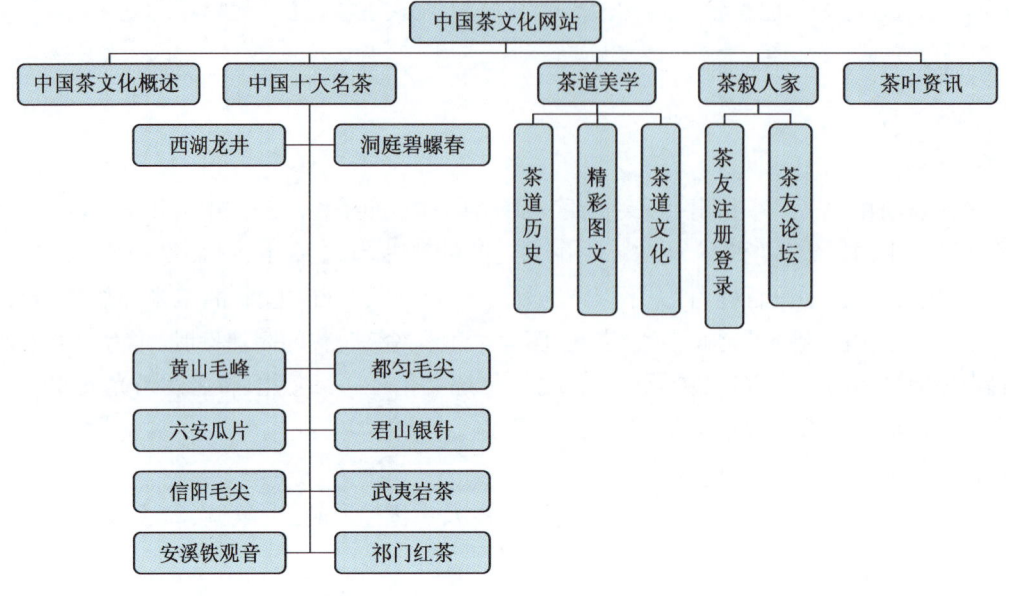

图 6-3-1 "中国茶文化网"网站总体结构

一、准备所需素材

根据网站的栏目内容和链接内容,准备所需素材,放在相应文件夹中。

(1)准备文本。准备茶文化网页中所需的文字资料,可以从各类网站、各种书籍中搜集与茶文化网站相关的文字资料,然后制作成 word 文件,注意各种文字资料的文件名命名要科学合理,避免日后找不到所需的文本内容。

(2)设计 Logo。利用 Photoshop 量身定做茶文化网站的 Logo 标志,Logo 标志要与茶文化网站的主题相符,要有新意。

(3)准备图片及按钮。根据需要到网上或素材光盘中搜集茶文化网站所需的图片和按钮,有些图片、按钮需要自己利用图像处理软件制作。注意图片文件要尽可能小。

(4)准备动画。利用 Flash 软件关键帧、形变、运动、遮罩等动画形式制作文字或图片的动画效果,网站中的动画要突出主题,起到画龙点睛之功效。

小贴士:(1)所需素材可参考各中小学校网站搜集。

(2)可在"设计师互动平台"(地址为 http://www.zcool.com.cn)网站搜集。

本地站点的目录结构及其存放文件类型如表 6-3-1 所示。

表 6-3-1　　　　　　　　本地站点的目录结构及其存放的文件类型

文件夹名称	存放的文件类型
CSS	CSS 样式文件
Flash	动画文件、视频文件

（续表）

文件夹名称	存放的文件类型
Images	图像文件、照片
Docs	文字资料
webpage_1	一级页面文件，该文件夹又有多个子文件夹
webpage_2	二级页面文件，该文件夹又有多个子文件夹
Index. html	主页

二、建立网站

在开始着手设计网页之前，首先要定义站点。

（1）定位站点。创建站点之前，要求先建立一个文件夹，以便创建站点时为站点指定存储位置。在 Windows 操作系统中，打开"资源管理器"，创建一个名为"中国茶文化网站"的文件夹。

（2）将制作好的各种素材分别复制到文件夹下。

（3）管理站点。利用 Dreamweaver 软件创建本地站点，并实现站点管理。

三、网站主要页面设计制作

（1）首页必须有体现"中国茶文化"主题的 Logo 标志，内容自拟。要充分体现中国茶文化元素，建议色彩以自然、清新、茶绿色为主。主题突出、寓意深刻，有强烈的视觉冲击力和整体感。可参考图 6-3-2、图 6-3-3、图 6-3-4。

图 6-3-2　体现"中国茶文化"风格的图片

（2）首页及 4 个二级子页分别为框架网页、表单网页、利用模板制作的网页、利用布局表格制作的网页，必须用到热点和切片功能。

（3）各个页面根据需要插入合适的图像和 Flash 动画，所有页面要求内容充实、布局合理、颜色搭配协调、美观大方。

（4）各个页面之间导航清晰、链接准确无误。

四、发布网页

（1）将网站发布至 Web 服务器。

（2）利用 CSS 样式表优化网页。通过使用 CSS 样式表，对文字格式进行优化设置，更加精确地控制布局、字体、颜色、背景和其他图文效果，从而避免在标识字符和设置段落格式等操作时重复定义需要的样式，提高网页编辑的效率。

图 6-3-3　体现"中国茶文化"风格的图片

图 6-3-4　体现"中国茶文化"风格的图片

五、撰写项目总结报告

项目总结报告如表 6-3-2 所示。

表 6-3-2　　　　　　　　　　　项目总结报告表

网站名称			设计人	
主要用户				
用户特点				
网站总体风格				
首页 Logo 设计说明				
网站版式设计	首页名称			
	分页 2 名称			
	分页 3 名称			
	分页 4 名称			
	分页 5 名称			
网站首页模块	模块一			
	模块二			
	模块三			
	模块四			
	模块五			
网站 CSS 文件定义说明	CSS 文件一		主要用于	
	CSS 文件二		主要用于	
	CSS 文件三		主要用于	
	CSS 文件四		主要用于	
	CSS 文件五		主要用于	

项目评价

项目评价如表 6-3-3 所示。

表 6-3-3　　　　　　　　　　　项目评价表

网站整体效果	1. 风格：主题、文字、图像、动画特色鲜明	10 分
	2. 内容：主题明确，内容具体，各个页面的文字、图像、动画和谐统一	20 分
	3. 版面：版面结构合理，每个页面都有正确的链接	20 分
	4. 视觉：色彩搭配协调、美观、页面设计规范	20 分
特色创新	网站具有独创性，构思巧妙，有创意	10 分
小组协作	小组分工协作，所有成员在规定时间完成项目	10 分
项目总结报告	项目总结报告书写认真、完整，字迹清晰，页面整洁	10 分